U0655280

这世界不会
与你处处为敌

徐多多　著

中国出版集团　现代出版社

ZHE SHI JIE BU HUI

YU NI CHU CHU WEI DI

努力不能立即变现，

不代表努力真的无用。

无论你多么有天分，

也无论你多么努力，

就像同时种下九棵苹果树，

也不可能同时开花结果。

1234567890 @ %

这个世界上有阳光的地方就会有黑暗，哪怕它并不如你想象的那么美好，哪怕接受它的全部很艰难，至少不要让它改变你最初的模样。

ZHE SHI JIE BU HUI

YU NI CHU CHU WEI DI

不要指望别人都考砸了，

你能否上清华北大取决于你自己的分数；

不要抱怨别人抢了你的资源，

你丢了资源是因为你自己做得不够好。

你的问题，不是实力不够，

而是实力不够的时候，

总觉得是世界不公平、

别人太坏。

想要改变之前必须学会接受。接受残酷，接受阴暗，接受无意义，接受所有与期待相左的不美好；否则，一切苦大仇深和负隅顽抗的姿态都只是虚张声势。

生活不只有美与丑。在极美与极丑之间，往往是千姿百态、灵动变化与无边的博大。如果你肯承认这份变化与博大，并追寻那些好的方向，创造好的天地，那才是你对身处的世界的真正认知与认同。

ZHE SHI JIE BU HUI

YU NI CHU CHU WEI DI

世上本没有顺其自然，每一个努力的方向都是自己的选择。若是只做顺其自然的努力，把其他的交给时间和命运，这不过是放弃的委婉说法。

▼ 前言

▽

▽

　　这个世界从来不存在完美的人和事，过于完美的事，只发生在童话和想象中。现实的常态，除了平淡，还有不顺心和不如意。

　　比如你欢天喜地向前跑，现实会冷冷地绊你一跤；你铆足了劲儿硬顶上，它又突然给你一个过肩摔。是用对抗的态度，还是和解的态度面对，决定了你能否达成目标。

　　你不必去粉饰这个世界的美好与善意，更不必放大它的丑陋和恶意。你要学着去接受这个世界的全部，而非憎恶鞋里的一粒沙。

　　世界与你，互相而已。

你给世界几分诚意，世界就还你几分款待。你觉得世界对你满满都是恶意，可从没反思过，你对世界是否有足够的诚意。

世界就像是一头巨大的鲸鱼，你只是在舢板上欣赏它，没理由因为鲸鱼无意间翻起的巨浪把你的舢板打湿了，就责怪它不近人情。

换言之，世界既不是善意的，也不是恶意的，它是无意的。

你现在的生活也许不是你想要的，但绝对是你自找的。

当你对自己没要求，就没资格对世界提要求；当你总是抱怨世界的不公平，就不要对自己的愚昧和懒惰视而不见。

任何事都是有原因的，鞋子脏了，是因为你选择的路不干净。

生活就像心电图，一帆风顺就证明你挂了。每个人都要咬着牙度过一段没人帮忙、没人嘘寒问暖的日子。过去了这就是你的成人礼，过不去求饶了，这就是你的无底洞。

岁月只是偶尔静好，人生永远充满烦恼。

比如，排队买来的咖啡没来得及喝，就打翻在地；出门忘了带充电器，看着手机仅剩百分之三的电量瑟瑟发抖；连续两周没休息，终于熬到周五，却突然被安排周六加班……

比如，在微博上发了一条评论，居然有几十个陌生人翻山越岭来骂你；你喜欢了很久的那个人，突然就喜欢上了别人；你拼尽全力做出的方案，被一个露着复杂笑脸的人用三秒钟就给全盘否决了……

这些难堪的瞬间，让你一下子就认定：世界是如此地不和善，糟糕得让人失去了一切奋斗的动力。

可事实呢？与你为敌的不是某个人，也不是这个世界，而是你自己——是你那些庸庸碌碌的"赶"，毫无头绪的"忙"，自认为感天动地的"努力"。

是你的粗心大意、懒惰拖延、心存侥幸，以及实力不足；是你的不珍惜，不坚持，不成熟，以及见识上的短缺。

世界更像是你的替罪羊，你的每一次失意、落魄、失望、出糗、迷茫，都被你轻而易举地怪罪于它了。

一遇到问题就去迁怒他人，这就是一些人表达自己"有本事"的方式。那些喜欢抱怨自己不够幸运的人，只能说他们还欠生活一份努力。

但是，你不想成为自己讨厌的那种人，所以不做跟他们同样的事。不夸夸其谈，不费力寻求存在感，以最大的善意和自己友好相处，就是和世界和平相处。

如果总是以恶意去揣测别人，你就拒绝了来自这个世界的善意。

反之，当你把精力放在增长见识和本事、维系圈子、稳定情绪、发现生活的乐趣时，你自然就会心存美好和善念，并且越发显得镇定与平和。

你会变得包容，会把控自己和外界的关系，并懂得把欢喜和悲伤的选择权放在自己手上；你会去相信正确的答案并非唯一，如果与他人意见不同，不见得他是傻瓜，更大的可能是"这件事，并非我认为的那样"。

成长自身是一个不断完善的过程，只有经历关卡和练习，才有可能提升段位。你能活着，就需要经历很多的丧，才知道快乐是什么，以及想要的是什么。

如果觉得世界总是处处为难自己，那你一开始就输了；如果觉得刁难也是一种雕刻，那你迟早都会赢的。

这个世界，不属于你，也不属于我，我们无权抛弃这个世界，能抛弃的，只是自己心态的不平与执拗。

向外张望的人常常在做梦，向内审视的人才是清醒的。

你要牢记改变一生的两条法则：一是为自己而活，二是保持危机感。要相信这个世界并不可怕，还要认识到美好不是必然的。

这个世界的确只有一种英雄主义，就是认清生活的真相后依然热爱生活。认清生活的真相，就是坚信美好温暖的事情从来不会轻易发生，而是需要你靠着不断强大的内心去奋力实现。

生活不会给你太多惊喜，但好在也不会把你彻底击垮。每个人来这世上都有原因。你要做的，就是找到那个原因，找出自己的答案。

这世界不会与你处处为敌

▼

▽

▽

▽

别在该拼命的年纪贪图安逸，

生活讲实力而不看梦想。

如果你想有人送你爱马仕，

那请你也努力让自己买得起香奈儿。

▼ 目录

▽

▽

01 这世界不会与你处处为敌

O2 不是生活没意思，
是你的内心太无趣

O3 不想讨人喜欢，
只想做个迷人的坏蛋

04 不要缅怀自己的蠢事，
要从黑历史中长点脑子

05 生活中走得远的，
都是自愈能力很强的人

这世界不会与你处处为敌

▼

▽

▽

▽

你唯一要改变命运的方式，

就是自己起身找到源头，从源头改变。

起身行动，取代坐着抱怨。

与其诅咒黑暗，不如自己点亮一盏烛光。

这世界不会
与你处处为敌

01

▶ 当你成了一个健康的瘦子，你会觉得世界变得无
比美好，生活也越来越积极。

▶ 你穿的每一件衣服，都有人说好看，你做的每一
个娇嗔的动作，不会有人骂你恶心，没有油腻的皮
肤，没有人背后骂你死胖子。

▶ 发生了什么，才知道自己真正选择的是什么。

▶ 世界并非看脸，而是看你对自己的爱惜和想要一
个好的生活的诚意。

这世界不会与你处处为敌

每个人都渴望相信这个世界是美好的，可是却老是认定这个世界处处和自己作对。仔细想想，就算是最纯真无邪的一首歌，要是你心里有鬼，那不管怎么听，你都会听到歌里有魔鬼。

▶ 01

认识一个姑娘，伊兰，心比天高，却偏偏生活在小城镇里。

在她的描述中，小城镇的人狭隘、自私、短视、八卦。人人心里想的都是"小镇青年何必心怀远方"这样的想法，人人都想打出头鸟，毫无疑问，她就是那只出头鸟。她最想做的事就是离开那污泥潭一样的小镇，再留在那里，不是闷死，就是憋死。

她放弃了家里安排好的工作，放弃了不菲的待遇，奋不顾身地投入大城市，在三十岁这年成功地加入了"漂"一族。这下她应该能大展拳脚，一解胸中郁闷不平之气了。

起初的确如此，可没过多久，她对大城市的印象就从赞美变成了抱怨。她抱怨大城市的人冷漠、虚荣、势利、排外，瞧不起小地方的人。

她在一家公司做文员，这是来城市后几经周折找到的第一份工作，做得特别用心，特别努力，可还是得不到同事和领导的认可，在她看来，就因为她是小地方来的，大家总是排挤她。以前读大学的时候听别人说，社会上什么人都有，势利眼的人特别多，现在总算见识到了。

"小地方的人怎么啦？小地方的人淳朴、友爱、热情，他们瞧不上我，我还瞧不上他们呢！"伊兰越说越义愤填膺，浑然忘了几个月前她还视小地方的人如仇敌，转眼就成了小地方的代言人。

在我看来，这姑娘总是习惯性地把身边所有人都当成假想敌，从小地方来到大城市，只是假想敌换了一拨人，她设想全世界都在对她散播敌意的心态并没有变。

一点点小事都可以在她眼中放大无数倍，比如说饭局上大家相谈甚欢，却没人招呼她；比如说她辛辛苦苦写的一份计划，领导就是不满意。这些都成了"大城市人势利排外"的证据，她根本顾不上自省。

大家不理会她，很可能只是无话可说；计划得不到认可，最大的原因可能还是内容不过关。她可不管这些，硬是把自己弄得像一只刺猬，用一身戾气来武装自己，躲在满身的刺下，却不知道，这样既刺伤了别人，也消耗了自己。

伊兰的例子太常见了。可能是生活节奏太快，压力太大，越来越多的人容易陷入"全世界都在与我为敌"的假想中，设想所有人都在针对自己，想方设法挤对自己。

在单位混得不好，是因为领导针对，同事妒忌；在一个地方生活得不开心，是因为那里的人都愚昧无知，众人皆醉我独醒。

这能不成为众矢之的吗？一失恋，就觉得全世界没有一个好爱人；一失业，就觉得全世界的老板都是天下乌鸦一般黑；一失意，就觉得全世界的人都亏待了自己。

既然把自己放到了全世界的对立面，难免会一身暴戾之气，变得难以相处。究其原因，还是把自己想得太重要了，以为自己就是世界中心。这类人往往沉湎于被世界放逐的悲情中无法自拔，痛并快乐着。

事实上，你没那么重要，大家也没那么无聊。你身上发生的百分之九十九的事，都和别人没有半毛钱关系。你所以为的自己经历的惊天动地的大事，顶多成为别人茶余饭后消遣的谈资，谈个三五天就厌倦了。

没必要抱怨和自怜。所有的现状都是你自己选择的，而且当你在开口责怪这种现状的时候，你其实已经享受过它带来的一切好处。抱怨能说明什么呢？除了你什么都想要的贪，还有你不想努力的懒。

▶ 02

小 Q 刚毕业在报社工作时，也经历过一段漫长的灰暗期。

来到陌生的城市，人生地不熟，老记者整天颐指气使，追了一个月的新闻轻描淡写说不能发。有一次好不容易上了个头条，没署名，结果老记者说这稿子是她写的，小 Q 想争辩，却被师父一把摁住了，事后还责怪她没有格局。

傍晚小 Q 跑步到海边大哭一场，看着海水一点点吞没无边夜色，感觉这一生没了指望。那段时间，看谁都虚伪，瞅谁都生气。

那年冬天，她去一个郊区的快递仓库采访，结束后发现空中飘起了鹅毛大雪，她深一脚浅一脚，摇摇晃晃从仓库往外走，那个时候没有滴滴打车，心里全是这鬼天气肯定打不到车了的焦虑。

就在她一筹莫展的时候，一辆黑色奥迪车突然停在她身边，司机问她："小姑娘，去哪儿啊？"

小 Q 高兴坏了，故作镇定地说了报社的地址。上车后她就开始后悔了，因为提前没讲好价，这黑车肯定得黑自己一把，太可怕了。更坏的情况都不敢往下想……

到达目的地时，为了显示出自己不是那么好欺负的人，她故意高冷着一张脸淡淡地问车费，司机一愣，哈哈大笑，说："我不是黑车，不要钱。"

她一下愣住了："不要钱？"

"我车是黑的，我心可不黑啊！冰天雪地看你冻得够呛，所以送你一程。"

小 Q 站在报社门口，看着那辆黑车远去，突然觉得整个城市都变得温暖了。在那之前，她一直说自己无法爱上这个冰冷的城市。就这么一件小事融化了她漫长灰暗期积攒的所有情绪。

生活确实很艰难，要承受种种外部的压力，更要面对自己内心的困惑。在苦苦挣扎中，如果有人向你投以理解的目光，你会感到一种生命的暖意，或许仅有短暂的一瞥，就足以使你感动不已。

城市每天都有温暖的人，温暖的事，但是多数人只会放大自己的心累，却关闭感知世界另一面的心扉。

想要活得有希望，首先要做的是打开自己。

在公司里，每个人都认为自己贡献最大；在学校里，每个学生都觉得奖学金应该分到自己头上；在家庭中，每个人都觉得自己为这个家付出更多。

很多人接受不了这样一个事实：我们一生愿望无数，但大部分都注定落空。

生活中任何一种不顺心都会带给你不适感，每个人都觉得自己正在经历一种任何人都理解不了的独特悲惨。事实上，哪种看似轻松的微笑背后，不曾经历过孤立无援的绝望？

这个世界，确实并没有想象中那么充满善意，有人无视你，忽略你，甚至讨厌你、攻击你。恶意与欲求在持续噬咬你，你放不下，积攒着，慢慢就成了压力。而压力自始至终都是生活的一部分，无论你生活在哪一个层次。

不适感与不确定感的存在，它们不会像消消乐一样解决完就会消失。寻求与调整，将会贯穿到生命中的每一个阶段。

你在台上演讲，有人朝你扔鞋，你或许严词谴责，又或许嗷嗷大哭，甚至回来后认定这个世界不会再好了，接着就跳楼了。

小布什弯腰躲过，心想多大点事啊，当即跟记者开起了玩笑："我发现这是一双十号的男鞋。"

人活在世上，谁都会碰到个把人渣，谁都难免遭遇一些白眼冷遇，但请不要把这些个别现象夸大成漫天的敌意。如果你不想被深藏于世间的那些黑洞吞没，那就竭尽全力发出光芒来，而不是将自己也变成黑洞的一部分。

▶ O3

很多人都会觉得，世界亏欠自己很多。我常常反问，是不是当我们遭遇不好的一切时，就可以把所有罪过推给世界呢？那么，为什么不是具体的某个人，某件事，甚至某个环境，某个时刻？

后来我终于明白，正是因为我们无法面对自身在能力以及相关种种上的缺失，所以并不敢具体地指向某个特定的事物。

可是与此同时，又需要一个出口，于是"世界"这个词语，义无反顾地承担起了责任。有意思的是，世界并不会对某一个人负责。于是它成了单方面的发泄之物，在这份无以名状的冤屈中，承担着很多很多人的指责、对抗、讨伐，甚至是问罪。

马克·吐温说过：别到处说世界亏欠了你。世界什么都不欠你的，你还没出生它就在这儿了。

很多人活得累，往往都是因为，忍受不了现状，却又改变不了现状。人在不开心时，往往充满戾气，感觉全世界都针对自己，莫名其妙地就要去与全世界为敌。

你要想想，为什么世界那么大，它非要针对你？其实，各路神仙都忙着呢，哪有时间针对你。你走运了是上天眷顾，请感恩并行善；你倒霉了是你自己暂时运气不好。

总之，别怨天尤人，积极地生活，努力地工作，霉运总会过去的。谁家娃娃天天哭？哪个赌徒天天输？凭什么就你天天倒霉呢？这不科学啊，你说是吧！

生活本身，不至于那么好，但也没那么糟。

就像万晓利的那首《这一切没有想象的那么糟》唱的一样：想捕捉一只美丽蜻蜓，却打碎自己心爱的花瓶。燕子飞回了屋檐下的巢，这一切没有想象的那么糟。每天都要精心地灌溉，兰花却一天天地垂败。清风送来了杏花香，这一切没有想象的那么糟。

有时欲求不得，有时生无可恋，有时活着活着突然就觉得没意思了，都可以理解。但是，你始终要明白一点，你只是最近有些心累，并不是全世界都在跟你作对。

想起一段话：你若爱，生活哪里都可爱；你若恨，生活哪里都可恨；你若感恩，处处可感恩；你若成长，事事可成长；不是世界选择了你，是你选择了这个世界。

每一种情绪都是一种馈赠，你要做的不是对立，而是换一种形式与之共处。只有改变心路，才能改变出路。渐渐地，当你待生活以诚意，生活将会返予你以幸运。

没有收拾残局的能力，
就别放纵善变的情绪

你明明是一杯白开水，却被活生生地逼成了满肚子委屈的碳酸饮料，一摇都哗哗冒气。真正的高情商不是八面玲珑，而是能处理好自己的四面楚歌。

▶ 01

和朋友一起吃饭，聊着聊着就八卦起来，谈起某个曾经不错的明星，如今只能在二流电视剧里演配角。

"人红了，压力就大，又不知道怎么排解，脾气越来越差，经常生气。人一生气，就变笨，所以……"朋友 G 摇摇头。

对于他的最后一句话，我很有兴趣，顺着话头问："为什么人一生气就变笨？"

"脑细胞都忙着去生气了。吵架的时候，气得凶的那个肯定吵不赢，认真你就输了。能把架吵得漂亮的，都不是气头上。气过了，冷静下来，智商上线，说话都不带脏字。真在气头上的人，除了问候别人祖宗十八代，有用的话一句说不出来。像女生，平时不说脏话的，只能憋一肚子气回去，半夜醒来气消了，一拍大腿，我当时怎么没这样说呢。可当时就是不行，因为你太生气了，只有情绪，没有智商。"

听完他的话，大家一致的感受是，吵架那个说得太形象了，我们都是这种人。

那次饭局，我得出一个结论，控制情绪是为了自己。

经常有人说，情商高的人很假，明明生气，还假装没事一样，肯定憋出内伤。能憋出内伤的，是没想明白，真正想明白的，绝不会受内伤。对自己好的事，谁不愿意做呢？

上大学的时候，同年级的一个女生小夏总感觉被寝室里的所有人联手孤立。原因是某天，她跟一个室友去逛街，室友提议一起去唱歌，她为了省钱，就说自己不喜欢唱歌。

结果没过几天，学生会组织合唱活动，大家自愿报名参加，她刚想报名，这个室友马上跳出来，挑着眉毛说："你不是不喜欢唱歌吗？"

然后两个人就大吵起来，后来，这样的吵架场面在寝室里多次上演。每次那个室友有意无意针对小夏的时候，小夏马上就爆发了。

她感觉到室友们都在疏远她，每天都不快乐，活得好累，上课恍惚，考试临近却看不进去书，每天都爬上图书馆顶楼往下看，说不定哪天就跳下去了。

要好的同学总劝她，不如想想办法主动和室友和解。

但是她说："又不是我的错，我为什么要主动找她和解。"直到毕业，她和室友的关系一直不好，毕业之后基本上就断了联系。

每个人都希望自己在人际关系中游刃有余，要想游刃有余，首先要控制情绪。许多原本向好的方向发展的事情，可能因为你情绪失控状态下的几句重话，使它走向了坏的方向。

看别人不顺眼，是自己修养不够。人愤怒的那一瞬间，智商是零，过一分钟后就能恢复正常。

"管理好你的情绪，做情绪的主人"相信这句话你并不陌生。脾气大的人，常会不分场合发泄怒火，烧坏了别人对自己的信任，等事后又后悔不已。

怒火是虚弱的前奏，是你毫无办法之后最无力的发泄，解决不了任何实质问题。

那么爱生气，大概很无能吧。

别让你的情绪成为易燃易爆物。搞不定可以绕道，虽然路远一点，同样能到终点。绕不过去还可以放弃，未必所有事情都值得坚持，放手有时是及时止损，甚至是另一个高效的开始。

控制你的情绪，并不是要你逆来顺受，而是学会把脾气调成静音模式，不动声色地收拾生活。

一个人，如果连自己的情绪都控制不了，即便给你整个世界，你也早晚毁掉一切。成不了心态的主人，必然会沦为情绪的奴隶。没有收拾残局的能力，就别放纵善变的情绪。请记住：脾气永远不要大于本事。

▶ 02

前段时间，收到梅梅的微信，她说原本计划好的假期又被自己给毁了。原来，梅梅本想趁着放寒假出去走一走，多读几本书给自己充充电，再报个班，系统地学一下自己喜欢的沙画，但结果却一次又一次被自己的坏情绪打乱。

梅梅说，放假在家，脑子里每天都充斥着各种不快。跟父亲聊天，谈到自己未来的工作意向，发现父亲很多观点与自己相左，就与父亲起了争执；家里来了小孩儿做客，要梅梅照顾，本来就不喜欢小孩儿的她更郁闷了；有时偶尔翻翻朋友圈，看到某某又取得了一点成绩，这又让她羡慕嫉妒恨……

积累的负面情绪越来越多，又不懂得排解，结果负面情绪变成了一堵墙，挡在梅梅和原本计划好的"完美假期"之间。

近40天的假期，她都在各种消极悲观的情绪中煎熬。

如今假期结束，梅梅再次回忆这段时间的点点滴滴，似乎除了抱怨、生气、郁闷、消沉，什么都没做。原先要去的城市、列的书单、要学的沙画都成了泡影。

她在微信里跟我大倒苦水：想想自己寒假纠结的那些事，现在看来根本没什么，但当时就是绕不过那个弯，结果自己生了一肚子气，浪费了大把时间，真是太后悔了。

梅梅遇到这种境况不是一天两天了，每一次她都会后悔，说下一次不能再任由自己的情绪失控，但之后依旧故"绪"重演。包括现在，她何尝不是在懊悔的情绪里反复挣扎，而忘记了应该重整旗鼓，不再重蹈覆辙。

不光普通人难以控制情绪，就连名人也常常如此。曾经叱咤桌球界的路易斯·福克斯，拿过无数次世界冠军，但是他生命的最后一场比赛，却是因为一只苍蝇输掉的，同样输掉的，还有自己的生命。

当时，路易斯的比分已经远远领先对手，只要稳定发挥，再得几分就可以把冠军奖杯再次收入囊中。

然而，正当他准备全力以赴拿下比赛时，一只苍蝇落在了母球上。路易斯没在意，挥手赶走苍蝇，准备击球。可没过几秒，这只可恶的苍蝇又飞回来了。赶走飞回几次，他终于失去了耐心，他不再用手，而是用球杆向苍蝇打去。

结果球杆碰到了母球违反了规则，在台球比赛中，两名选手交替上出场，一方失误时另一方才能上场。路易斯这次不能再击球，只得回到座位等待。

本以为败局已定的竞争对手约翰·迪瑞牢牢把握住了这次机会，不光拿下了这一局，而且接二连三将比分反超，实现惊天逆转，再也没有给路易斯机会。

路易斯沮丧地离开赛场，第二天早上有人在河里发现了他的尸体。他投河自杀了。

一只小小的苍蝇竟击败了一个攻城略地的世界冠军，丢了一个世界冠军而已，却直接选择放弃了生命。

一个人的不自由，通常是因为来自内心的不良情绪左右了他。一个能控制住不良情绪的人，比一个能拿下一座城池的人更强大。

无法管理好情绪的人，也无法管理好人生。你的情绪决定了你为人处世的方式和思维习惯，也决定了你如何走完这一生。

▶ 03

那遇到有些人就是无理取闹怎么办呢？这个难解的问题，也被我的全能闺蜜叶子给化解了。

叶子有一个同事，什么情绪都会写在脸上，遇到不顺意的事脸色说变就变，但是平时都是一些小事情，也没多大影响。

有一次这个同事遇到极难缠的客户，由于订单邮件没有及时发到他的邮箱，客户非常生气，隔着电话一顿数落她，说的话很难听。

她觉得委屈极了，被骂完之后，回到自己的座位上越想越生气，为了表达她的愤怒，做什么动作下手都特别重，水杯拿起来之后重重地砸回桌子上，敲键盘的声音也特别大，最可怜的还是那个空格键。

后来，她还是没忍住，说："就算生意不做，我也必须骂他一顿，不然消不了气。"

叶子赶忙制止，对她说："即使你没见过他，只通过电话沟通，都能明白，像他这样的人，活得该有多糟糕、多憋屈、成长环境多恶劣，才形成如此扭曲的性格。多可怜啊，他以后会吃亏的……"

总之，叶子把对方形容得惨兮兮的，刚才还气得跳脚的那个同事，听完之后，竟想打个电话去同情一下那个人。

如果一听到一种与你相左的意见就发怒，这表明，你已经下意识地感觉到你那种看法没有充分理由。如果某个人硬要说二加二等于五，你只会感到怜悯而不是愤怒。

你站得越高，越不容易生气。有时候，不妨人为拔高自己，因为我比你高级、高明，所以你怎么作，我都懒得生气。这样的境界，会让你显得聪明、出众，会遇到好运。

面对生活中形形色色的情绪，要学会管理它们，支配它们，不做情绪的奴隶。

给你的坏情绪找个发泄口，把不良情绪巧妙转移。例如，给与此事无关的朋友打电话，吃点巧克力、啃个鸡腿，去阳台上吹吹风，骑自行车在林荫道上转一圈……如果是必须要面对的关系，消气以后再处理；如果是消气以后，根本不需要再面对的人，就更没必要动怒吵架了。

定期给你的心灵洗洗澡，不如意之人，不顺心之事，经过就过，绝不耿耿于怀，自讨烦恼；放开眼界，看见比自己强的，前行有方向，看见比自己弱的，内心懂知足；生活不慌张，凡事都淡定，往好处想想，告诉自己什么都过得去。

拜伦说：悲观的人虽生如死，乐观的人永生不老。管理好自己的情绪，你就已经赢得了人生。

这就是为什么有些人看起来那么能干。他们不是没有情绪，而是不被情绪左右。

所以，你不必要求自己做一个情商很高的厉害人，最起码不要做容易情绪失控的烂人就好。

别把自己的 low 归咎于别人的优秀

生活并不难，你觉得难，是因为你觉得自己没有赢。所谓门槛，能力够了就是门，能力不够就是槛。人生的沟沟坎坎，多半是能力不足所致。你弱的时候，坏人最多。

▶ 01

倩倩在小学当老师，这次考试她们班的平均分全年级最低，不及格全年级最多。由此引发了倩倩一系列声讨中国教育的言论，包括教师生存压力太大，工资不高，连门口卖凉皮的阿姨都不如。

最后总结性地说一句："我讨厌这份工作。"

我随口问了一句："你会做凉皮吗?

她瞪大了眼睛说："开玩笑，我哪会！再说每天那么辛苦，我可不行。"

这边倩倩还没恢复呢，那边另一个朋友阿南突然辞职了。阿南供职于一家软件开发公司，公司现在最大的项目是争取一个热门软件的代理权。成功的话，这一年公司不接任何单子也会稳赚不赔。结果，阿南带领的团队被竞争对手打败了，老板当着全公司人的面训斥了他一顿。

阿南一怒之下辞职了，每天在朋友圈痛斥老板，说自己怎么怎么讨厌这份工作。

又来了一个抱怨工作的。现在，很多人对自己的工作都不满意，可是你为什么这么不满意自己的工作？甚至有时候，一开始很喜欢一份工作，慢慢变成了讨厌和逃避。

其实，你不是讨厌工作，而是讨厌工作中那个不怎么成功的自己。

每个人都在想方设法地证明自己。倩倩班级的平均分如果是全校第一，阿南的代理项目如果顺利地拿了下来，那他们肯定会很喜欢自己的工作。如果工作带给他们的是成就感和自信心，能证明自我的价值，再忙再累，他们也会很喜欢工作中优秀成功的自己。

你真的讨厌现在的工作吗？你是讨厌这份工作压力大，还是讨厌那个动不动就挨批、业绩总也上不去的自己呢？你是讨厌这份工作太稳定，还是讨厌那个磨灭了斗志、不思进取的自己？

如果真的是没有兴趣，大可以跳槽转行，但如果自己的能力不够，实力不强，走到哪，干什么工作，只会灰头土脸到处碰壁，最终变成了干一行骂一行。

同学芳芳也是小学老师，刚进学校的时候，同期的年轻教师都要准备一堂公开课，同一个课题组的老师全部去听课并进行点评。

她排在第二个。在准备的那个星期，查阅了不少资料，精心设计每一个教学环节。那堂课不出意料地成功了。课后点评，几乎所有的老师都称赞她，她自己也很开心。

可下课后，在办公室门口，她听到了这样几句话：怎么那么爱表现呢，故意把课上那么好，不是让小周难看吗。小周是在芳芳前面上课的教师，他因为有些紧张，课上得磕磕绊绊，被点名批评了。

芳芳一开始是不解和委屈，后来又觉得悲哀和愤怒：年轻教师固然会因为经验不足出现各种各样的问题，可是别人的"不好"倒成了自己的错误了，这是什么逻辑呢？我要为你的"不好"买单，就因为我没有和你一样紧张出错？

为什么当看到好照片时，人们通常的反应是"真不错，你用的是什么相机"，当看到烂照片时，则往往笑话拍摄者的水平很臭？

有些人总是习惯性地将自己的成功归因为自身，失败归因于环境；而将他人的成功归因于环境，失败归因于其自身。

他们认为这个世界有问题，活得愤世嫉俗。个人混得不如意，全是这个社会的错，身边的人都是坏人，从来不在自己身上找原因。

你弱的时候，坏人才最多。

▶ 02

前段时间，Terry 去参加一个面试。面试的公司是当地数一数二的企业，薪水很高，面试自然很严格。Terry 的个人能力，拿下这份工作完全没问题。所有人都说，如果 Terry 进不了，那绝对有黑幕。

让人大跌眼镜的是，Terry 还真没被录用。我们都在群里为 Terry 可惜，说实话，谁不想去那个公司呢，但竞争就是那么残酷，淘汰永远是进行时。

"有内幕吗？是不是内定的？"

Terry 说："不管有没有，没选上就是没选上。说到底，没选我，不是因为别人太优秀，而是因为自己实力不够。如果失败总是不在自己身上找原因，那么失败会永远跟着你。"

听 Terry 说完，瞬间觉得他很高大。

经常有人说：为什么升职的不是我？为什么得奖的不是我？为什么失败的总是我？

归根到底，可能你的实力还配不上这个岗位。你要相信一件事：世界上所有的竞争，最后拼的都是你自己的实力。

优秀的企业，不会让人才流失，人才的流失，从某种意义上说，就是走下坡路的开始。同样，也绝对不会关照每一个没有实力的人，企业效益最大化，某种意义上是人才能力发挥的最大化，而前提是，你的能力要过硬。

老板傻吗？当然不。每一个老板都特别精明，他们宁可花30万雇一个给他效益500万的员工，也不愿意花2万元雇一个只能给他50万的员工。你有足够的实力，根本不需要担心实力之外的任何东西。

我们最大的问题，不是实力不够，而是实力不够的时候，总觉得是

世界不公平，别人太坏。

不知道你有没有注意到微信公众平台的界面，它的标语是：再小的个体，也有自己的品牌。

什么是品牌？说白了就是你的核心竞争力与始终坚持的东西，它们决定了你的辨识度。决定老板升职加薪的时候，能不能想到你；决定朋友赚钱时会不会带上你；决定爱你的人懂不懂尊重你。

拉开人与人之间距离的，就是品牌意识。你可以不经营公司，但不能不经营自己。

你可能会说："不行啊，我天生不是网红款。"拉倒吧，你是什么款不重要，重要的是你要有实力。

电影《穿普拉达的女王》里，女魔头米兰达是全美最昂贵的时尚杂志女主编。她时髦、耀眼、有品位，一把年纪了还美丽非凡、与众不同，她将自己的实力打造成个人的品牌，让她在整个时尚界呼风唤雨，无数的设计师、摄影师、模特、销售商唯她马首是瞻。

人的一生，其实都在经营你自己这个品牌。你爱不爱自己，看品牌经营得好不好就知道。你做的每一件小事，你生的每一次气，你爱过的每一个人，都会在你的品牌中留下印记。你，就是自己最好的作品。

你的品牌不起眼，不是别人太优秀，而是你实力不够。多放心思在能力上，少放心思在抱怨上。

当你能够与别人比肩，有自己的无可替代性，那么自然有你的一席之地；当你有足够的实力，就有了足够的话语权，有了足够的话语权，也就有了选择权。

▶ O3

谁不曾质疑过世界的不公平，到头来，你会发现质疑是如此无力。那些年，我们都曾遇见无数"坏人"，他们给你多少委屈，多少眼泪，令你下了无数次"以后一定要出人头地"的决心，却也让你看清楚，努力提升自己才是唯一的出路。

生活用最残酷也最真实的方式告诉你，"坏人"很多，是因为你自己很弱，他们一眼就看穿了你的窘迫。一个人，唯有强大，才有更多选择的权利，才能做出最有力、最有尊严的反击。否则，无论你逃到世界的哪个角落，都会发现那里的"坏人"特别多。

那些看起来春风得意的人，你以为那是幸运，可没有人知道他们用多少年来打磨弱小的自己，变成如今光彩的一个人。就像你只看到女魔头叱咤时尚界，却看不到她付出了多少才换来今天的地位。

"你弱的时候，坏人最多。"这几个字看起来冰冷，却是生存的真理。生活中还有更多的残酷，需要一个人去感受。但是，总有一天，你坚持不懈的努力，会让那些曾经的"坏人"，越来越友善。

比利时有一句家喻户晓的谚语："跳舞不好的人，总是抱怨鞋子。"

有的人，一肚子苦大仇深，其实绝大多数都需要自我反省。因为他们只知道抱怨，被困锁在一种消沉的情绪中，而忽略了要越过这股负能量，找到症结，做出改变。

哪有那么多的"一定内定，一定有关系"？所谓的不公平，从来都是因为自己不够好。把自己的没实力归结到其他原因，不是一个聪明的办法。聪明的办法是，要么努力得到，要么离开去得到想得到的。

这世界只有脆弱的人才会到处诉说自己的委屈，真正强大的人永远都是不动声色默默努力变成你羡慕又佩服的模样。

所谓庸人自扰，无非是，你总是苦恼于不该苦恼的，而成长不了应该成长的。谁都有失败的时候，没什么好沮丧的。实力不够就努力补上实力，别在年轻的时候就负能量爆棚。

世界上根本不存在更好的路，也不存在一劳永逸的快乐。改变本身就是一种成长，不改变也是一种信仰，而真正的成长就是优于过去的自己。改变并非强迫你接受新的一切，而是让你明白原来自己可以有更大的可能性。

人要活得精彩，最后靠的还是实力。

要是只满足于吃回锅肉，
那肉夹馍和锅包肉怎么办？

人生在世，你只要知道两件事：第一，这世上绝对存在不用功也很聪明，不需要努力也过得很好，甚至不需要钱就能快乐的人；第二，那个人绝对不是你。

▶ 01

曾经在微博上看到这样一个故事。

在饭店，有几个女人因为皮蛋瘦肉粥里没有看到瘦肉和老板争执了起来。老板解释说，瘦肉都煮化了。

其中一个女人越说越激动，竟然哭了起来。老板惊呆了，边给她纸巾边安慰她，说："一碗粥而已，不至于吧，我再送一个凉菜。"

女人边哭边说："我哭的不是这个，我是难过，我已经三十几岁了还在为一碗粥斤斤计较，这根本不是我要的人生！我什么时候才能不过这种日子！"

顿时，整个饭店的人都陷入了一片死寂。

生活重压之下发自内心的呐喊，让所有受生活所困的人，心头为之一震。

也许，我们都在过这样的人生：别人一顿饭消费两三千块钱，你却要辛辛苦苦工作一个月才能赚到；别人动不动就来一场说走就走的境外游，你却不得不为了工作在酒桌上拼命，在周末的深夜加班；别人开豪车，住别墅，身边俊男靓女无数，你却挤公车，住出租屋，愿意和你交流的只有菜市场的大爷大妈……

在你的心中，无数次地闪耀过一个梦想：要有一所大房子，很大的落地窗，面朝大海，春暖花开。在美好的日子里，不为金钱发愁，不向傻瓜低头，只做自己喜欢的事情。

可是，你也经常沉迷于这样的日子：无效的社交，漫无目的刷微博，毫无底线透支信用卡，在网络游戏里奋力拼杀，层出不穷的肥皂剧。

"我都二十八岁了，还天天和你们在群里面抢一分钱的红包，这不是我想要的人生！"甲在朋友圈发了这一条留言。

乙回复说："我昨天半夜肚子疼，早上起来就开始胃疼，刚才上班公交车上突然很难受，想吐，浑身冒冷汗、无力，在座位上缓了好久才舒服点。经过公司楼下药店买药吃了，现在继续上班挣钱。这也不是我想要的人生，但我还在努力！"

没有深夜痛哭过的人，不足以谈人生。现在的人生或许不是你想要的，但一定是你自找的。

你总是在试图找出个理由安慰自己，好像那样，就可以看起来毫不费力。可实际上，让你终于可以毫不费力的，只有努力。

努力和付出都挺性感的，为一个目标持续前进，是很撩人的姿态。至少，它们好过懒散着不作为，好过得不到又念叨着葡萄酸。

▶ 02

苏姐大学毕业后工作三个月，因为看不到希望，从原公司离职了。离职后做过很多工作，贴小广告，做遭无数白眼的房产中介，搞电话营销，当工资还没有领到公司就倒闭的培训课程顾问。

她以为自己就这样浑浑噩噩生活下去了。后来，发生了一件事情，彻底改变了她。

一个冬天的深夜，苏姐的母亲打来电话，说自己身体不舒服，需要第二天去南京的医院看病。

苏姐一夜无眠。她太清楚了，可以忍受的病，母亲一般不会打电话告诉她，母亲此刻肯定是受到病痛折磨，非常痛苦。

第二天一大清早，在车站接到了母亲。母亲脸色蜡黄，说话有气无力，身上胡乱穿了很多旧衣服。她身体不好，有心脏病和风湿。而此刻，她最痛的是喉咙。

在医院，一通检查下来，是扁桃体发炎，整个喉咙都充血了，需要做一个手术。

手术前，在医院交完所有费用，苏姐查了银行卡，里面还剩下三千多元，还有下个月的房租要交，还有一个月的生活要过……

她不知道，那个月自己要怎么熬，她尽量不让自己想太多。

每天早上，在菜市场买点瘦肉和青菜，熬到粥里面，少油少盐，为了省公交车费，穿过歪歪斜斜的街道，步行到医院把粥给母亲。

有一天晚上，从医院回来的路上，忽然下起了大雪，风很大，眼睛几乎睁不开，城市的灯光变得扑朔迷离。

回到冰冷的出租屋，她湿衣服都没换，蹲在厕所大哭，那一刻，她发誓这辈子再也不要过这种生活了。

洗完热水澡，苏姐躺到床上，床只能睡一半，因为另外一半的床垫是湿的，出租屋还在漏水，需要每天用一个脸盆接水。

为什么要住这里？因为便宜啊。

十几天后，母亲康复出院，她一路把父母送回老家。因为请假十几天，公司领导颇有微词，不但扣了相应的工资，提成也没了。一气之下，辞职。

新公司老板人很好，很赏识她，不到一个月苏姐就摸清了整个公司的营运流程。在新公司，她不敢说自己是贡献最大的，但绝对是最拼的。最长的纪录是连续上班两个半月，没休一天。

为了业绩，她一个人带着资料跑到客户公司，不顾秘书和保安的阻拦，敲开公司老总办公室的门，老总被打动了，顺利谈成了合作。

为了业绩，她一个人深夜十二点跑到快递的物流中转站，历经三小时，找到第二天要用的文件。

为了业绩，她一个人连续开车几百公里，只为抢在竞争对手之前和合作单位把合同敲定。

三年后，苏姐从银行取出来几十万，买了一套靠近地铁站的房子，付了首付，把父母接过来一起住。

苏姐说："现在的房奴生活不是我想要的，但是我会接着一直努力下去。"

▶ O3

你肯定也听过很多关于努力的故事，也下定决心要努力。

但是有时候，人常常会这样：持续性踌躇满志，间歇性混吃等死。在哭泣中告诉自己要奋发图强，要摆脱现状，然而当生活稍微给了你一点甜头，你就忘记了自己曾经的信誓旦旦，然后在下一次磨难来临的时候再次痛哭流涕。

你见过了太多的富二代、官二代，也见过一夜暴富、一夜爆红的。这类消息多了，你变得越来越浮躁了。于是，开始寻找各种捷径和渠道，来接近心中的目标，满足内心的欲望。"努力"在你眼里，已经变得非常廉价，甚至无用了。

你发现，想要成功，不光要靠努力，还需要客观条件、人脉资源、家庭背景、思维方式等等。这些都是成功路上的重要筹码，而你都没有。

"一辈子都拼不过富二代的，省省吧。"

"在这个社会，没背景，你还想通过单纯的努力翻牌？"

"我们努力到吐血，可有些人什么都不做，却依然过得比我们好。"

必须承认，可能努力一辈子，也比不过一些人的起点高；可能努力几十年，才能买下别人一出生就拥有的房子；可能努力到死，也不能完成那个成功逆袭的故事。

之前看张爱玲的传记，书里写她"从海上来"，事业顺遂，生活优渥，是个轻飘飘的天才。可我们不是，我们是普通人，我们要很艰难地跋涉过粗糙干裂的大地，才能听到一点点遥远的海声。

这个社会是相对公平和绝对不公平的。很多时候，别人就是拥有比你得天独厚的条件，哪怕付出的远远不及你，拥有的却比你多。

无论你多么努力多么拼命，总有一些家世优越、长得漂亮、身材一流的人，不用费多大力气就过得比你好。

可是那又怎么样呢？如果别人轻而易举就能得到的东西，需要一个普通人花费大力气才能得到，那么，不用多说，直接跑着上路就好了，埋怨和指责并不能改变你的出身和长相，只会让你眼看着自己想要的东西离自己越来越远。但是努力就会增加成功和变好的可能性，而这带着未知变量的可能性，就足以让你拼命去争取了。

之所以努力，是想再次看到心仪的衣服时，不用心虚地提前问价格；是想在过生日的时候能毫不心疼地请朋友们吃一顿大餐；是不必看老板的脸色，甚至可以随时炒老板鱿鱼。

之所以努力，是想如果这一秒想念一个人，下一秒就可以飞到他身边；是想让爸妈给自己买东西的时候，像给你买东西那样干脆。

当然不仅仅因为这些，而是因为，生活更高层次的享受，是来自为未来奋斗的过程。

想累了就打车，让疲惫的脚也享享福；想每个节日都给妈妈送花，想给她办好多张美容卡，年纪大了就不要再去上班了；想给奶奶买会做家务的机器人，不知道她最近还会腰疼吗。想让爱自己的人少操点心，也想让自己爱的人都能放心。

关于努力这件事，有人是出于热爱，有人是为了生活，还有人仅仅只是不想让人生太无趣。就像有一句话：如果一辈子都满足于吃回锅肉的话，那肉夹馍和锅包肉怎么办？

也许你的梦想它很小，目标很低，可是，你都是认真的。

你一定要好好地生活，一定要努力赚钱，到时候你会发现，人生熠熠生辉的时候，根本没有时间去抱怨，去矫情，去患得患失。

每个人都要通过自己的努力，去决定自己生活的样子。别忘了，你一直都希望能够按照自己的意愿，去用力地过好一生。

没有选择人生的能力，
其实也是一种无能

　　在生活里吃了败仗的 loser，将过错归咎于错误的选择完全没道理可言，这本是生活中的一个日常习惯，却被有些人当成论输赢的风向标。一个人成功与否从来不是因为一次选择，是源于日复一日的自我提升和思考，他们不做选择题，只做证明题。

▶ 01

　　抱怨小姐每天都在抱怨生活。每次聊天，她必说：老天真不公平，有人一无所有，有人却把好事都给占了。让她天天自怨自艾的是她的美女上司，三十几岁，年薪百万，老公靠谱，婆媳和睦。有颜值、有才华，还有财产。

这完全符合她心中人生赢家的人设：内外兼修，事业家庭两不误。看起来很高标准，可是放眼望去，身边还真有不少。

见到美女，你觉得这人长得这么好看，智商一定不高吧，结果发现人家是名校学霸；见到女老板，你觉得人家事业有成，一定单身吧，结果发现人家老公呵护、孩子乖巧。

抱怨小姐是个小会计，二十五岁之前励志要嫁个大款，二十五岁之后发誓要自己当老板，当不了人生赢家，至少也要赢一把。

以前，她觉得女人要嫁得好，所以上大学忙着谈恋爱。同学们泡在图书馆的时候，她天天陪着男朋友吃喝玩乐，学霸们拿着厚厚的履历横扫招聘会的时候，她抱着分手短信在宿舍里哭。

后来，她说男人不靠谱，女人还是得靠自己，所以每天熬夜加班，拼命干活，社交基本没有。人家恩爱的时候，她一个人啃面包，吃泡面，晚上回家连个等门的都没有。

她总说自己不顺，生活总是不配合。

当一个人无法解释自己的失败时，就会怪罪生活。不停地追问，为什么是我？可是回头看看，哪一步不是你自己的选择？谁把刀架在你脖子上了吗？

每个人的选择不同，呈现出来的状态也会不同。你不能一边做着自己想做的事，一边又羡慕别人做了人家想做的事。

成功的人都知道自己选择了什么，而失败的人，却总是觉得被生活拉扯。从某种程度上说，老天是公平的，它给了每一个人选择的机会。但它也是不公平的，它没有给每个人看见这种机会的能力。

身边总有朋友在生活不尽如人意的时候开始"悔不当初"，一副痛心疾首的自省模样。后悔那时，在人生的岔路口，明明有一条"康庄大道"，却偏偏选择了一条坎坷的"羊肠小道"。

似乎，如果有了时光机，一切回到当初的十字路口，做了不同的选择，就可以步步坦途，最终登上人生巅峰了。

志杰工作不太顺利，于是后悔，怀念当初和这份工作一起摆在面前的另一个机会。他放弃的那份工作，现在职位和薪水都很诱人，前景很好。与之相较，眼前的工作可差太多了。

他经常在朋友面前叹息，若是当初选择另一份工作，现在的自己也必是职场精英，飞黄腾达指日可待。

晓旭婚姻不如意，觉得老公安于现状，不求上进。眼看着别人家老公在官场、职场混得风生水起，而自己老公却按时上下班，闲暇时在楼底下逗逗小猫小狗，俨然一副岁月静好、自得其乐的模样。

她难掩失望之情，痛悔当初明明有一个有为青年 A 和现在的老公同时出现，自己却一时发了昏，错失良人。如若选择了 A，今天的生活必不是这般看不到激情和希望。

就连别人眼中年轻有为、让大家仰视的 Billy 都在后悔，后悔当初不该从现在闻名世界的某互联网公司辞职。

自从老东家扶摇直上之后，元老们都获得了原始股分红。

那些后悔的选择，有时不仅是关于爱情、婚姻、事业等大事，甚至也涵盖了生活中的琐碎小事。

朋友后悔小时候不该放弃弹钢琴而选择了舞蹈，眼下看来，一身好舞蹈不如一手好琴艺；同事后悔买了个小户型，当初真该狠心买下那个大三房；邻居后悔买了便宜的四座车，远不如当初看的另外一部七座车实用。甚至有时，仅仅是买件衣服，也有后悔的时候。

其实，一切的选择都是当时最好的选择。因为当时的你不够勇敢，不敢反抗，承受不了另外一个选择。

而此时，你所谓的后悔，无论是对"时运不济"的悔恨，还是对"锦上添花"求而不得的懊恼，都是"事后诸葛亮"般的自怨自艾，是对彼时自己所做的选择"恨铁不成钢"。

能说不是吗？身边的朋友都知道，志杰选择现在这份工作，是因为另外一个机会离家远、工作累；晓旭当初选择现在的老公，是因为老公家境比 A 优越；Billy 当初在某互联公司疯狂加班的时候，觉得陷入了一个被洗脑的"骗局"，起得比鸡早，却看不到未来的曙光。

选择了你要走的，就一心一意走去，别因为别人暂时比你过得更光鲜就委屈、自我否定。人生的路那么多条，能走的却不多，把你选择的路走好，不必左顾右盼。

▶ O2

然而，人往往是这样，不想负责的时候，就会责怪生活亏欠自己。其实，仔细想想那些抱怨生活的人，无非两个原因：第一，看不见自己手中的选择权；第二，不知道自己到底选择了什么。

人生是一场长跑，跑得快的人跑不远，跑得远的人快不了。每种跑法都能赢，但你得知道自己在哪一条赛道上跑。

生活从来不会强迫你，它只会给你出难题：选项我都给你了，你自己琢磨吧。人永远不会无路可走，那些所谓的绝路，不过是不想承担后果。

遗憾是成长的同义词。没有遗憾的人生既不真实又不完整。选择或许没有对错，但有一种选择一定会让你抱憾终身，那就是你没有尽全力去坚持。

村上春树说："不管全世界所有人怎么说，我都认为自己的感受才是正确的。无论别人怎么看，我绝不打乱自己的节奏。

节奏，就是一个人的主心骨。有了自己的节奏，自然不会轻易被别人影响。

翻看朋友圈才知道，大学同学小雨上个月结婚了。她一身白色婚纱，被几个姐妹簇拥着，嘴角上扬。

室友感慨：小雨真厉害，不管是工作，还是结婚的目标，都实现了。

大一入学开班会的时候，大家都说了自己未来的计划。有人说毕业要成为职场达人，有人说要自己创业，有人说要继续考研。

小雨说，毕业想回家乡的城市找个专业对口的工作，然后结婚，做个有工作、有家庭的主妇，过着幸福的小日子。

当时我们的表情都是黑人问号脸，觉得小雨对生活太没追求了。

毕业以后，想成为职场达人的在拥堵的大城市穿梭行进；想创业的在家乡的城市有了小小的公司，四处奔波谈业务；考上研究生的继续深造……

看到小雨结婚，我们又在群里感慨了一番。知道自己想要什么的人不多，能一开始知道要什么，并坚持达成的人更少。

小雨的成绩算中等，但是从来都是按时交作业，从未挂科。剩下的时间要么积极参加社团活动，要么打扮得漂漂亮亮地和男朋友约会。

小雨一早就知道自己要的是什么，所以从来都不迷茫，就是一步一步走下来。

在生活里浮沉着，越发明白往前一步需要巨大的力量，深知，没有任何一种抵达是容易的。选择回乡工作、结婚，过好小日子，这样的选择比留在大城市更需要勇气。

像小雨这样将自己选择的生活走到底的人不多。她属于村上春树说的"无论别人怎么看，我绝不打乱自己的节奏"的人。

当看到她在朋友圈晒的结婚照，我们都点了赞，并写下祝福。为她拥抱自己选择的生活鼓掌，为她的幸福祝贺。

一个人如果足够了解自己，就不难取舍。那些人生赢家们不是什么都有，而是懂得扔掉了那些不重要的东西。他们有自己的节奏，不会因为别人说机会难得就奋力追逐，也不会因别人说自己已经足够好了就停下脚步。

艾玛·沃特森的人生就像开了挂。她获得"哈利·波特"系列电影中赫敏一角的时候，只有九岁，美丽和可爱当然是被选择的重要原因，九岁到二十岁，艾玛·沃特森是赫敏·格兰杰，她用七部"哈利·波特"的系列电影，完成了自己的少女蜕变，也让无数人为她着迷。但二十岁之后，艾玛·沃特森选择成为自己。

丢掉魔法棒的艾玛选择了象牙塔，她远离公众视线，在布朗大学和牛津大学完成学业，在 GCSE 考试十项科目中获得八个 A+ 和两个 A 的优异成绩，堪称学霸。

就在女明星这条路走得风生水起的时候，艾玛选择息影一年，寻找真正的自己，并为女权发声。她出任了联合国妇女署亲善大使，并在联合国促进性别平等的"他为她"（He For She）活动上，发表了精彩的女性主义演说。

艾玛表示："女权主义既不是规范，也不是教条，而是一种选择。如果你想竞选总统，那么你可以放手一搏。如果你愿做平民，你的选择也值得尊重。"

艾玛当然是美丽的，但她的完美人生并不是因为被动选择，而在于一次又一次的主动选择。她选择自己适合的，而不是大众期待的；她选择自己认可的，而不是别人强加的。

人生赢家们从来不抱怨，不是因为他们没有遗憾，没有悔恨，而是明白每一条路都是自己的选择。

因为知道自己时刻都有选择，并且深刻地明白每一个选择带来的结果，所以，即使遗憾或者悔恨，即使结局不美好，他们也不会让生活为他们的失去背黑锅。

▶ 03

我认识的人当中，之之对自己的任何选择都不曾后悔过。无论时光最后告诉她，她放弃的选择让她错过了什么。她也从来不回头看，不后悔，不自责。

她在考研究生时，因为一分之差与自己的理想院校失之交臂，于是就进入了调剂阶段。有两所高校向她抛出了橄榄枝，一所是知名院校，另外一所名气略逊。但是，前者给出的条件是自费攻读且学费不菲，而后者则是公费攻读。

之之纠结了几天，选择了公费的那所高校。之之家境一般，不想在本科毕业之后还给家里增添负担。有人建议她选择那所自费的知名高校，边读书边打工挣学费，或者争取奖学金，之之摇了摇头。

她肯定会在读研期间兼职挣生活费，但是实在不想背着厚厚的壳去读书和兼职，不想过得那么辛苦。如果选择公费的学校，她自己兼职挣的钱还可以补贴家用，让父母不再那么辛苦。对当时的她而言，这钱挣得、花得都更得其所，会让她感到更加欣慰。

之之说，虽然时光给不出一个比较，无法让她清晰地看到错过另外一所高校，她到底错过了什么。但是她知道，那个当初的自己都只配得上当时的选择，于那时而言，都是当初最好的选择。

人们在拼搏到疲惫的时候，总是会追问，为什么要努力？

之于选择，这个答案应该是这样的：为了让你在每个阶段，手里都有更好更高级的选择在等待；为了让你所作出的每一个选择都不再受限于金钱、心智、见识；为了让每一个现在配得上更正确的未来，让每一个选择不仅是当时最好的，也是未来最对的。

之之的故事是一个再不普通不过的故事，但是却是实实在在的人生。我一直找不到一个特别合适的表达，直到有一天，我看到一句话，让我找到了答案，它完美诠释了对选择的恐惧：

我们害怕二选一，我们害怕选错了一辈子就毁了，我们害怕选了一条路，就再也没有机会重头再来了。所以，我们不敢放弃现在拥有的，害怕选择我们想要的生活。

决定你过什么样的生活，从来都不是你哪一次的选择，而是你一直以来的状态。每当我疑惑的时候，总会想到之之，想到身边很多闪闪发光的朋友们。从来都不是哪一次选择改变了他们的生活轨迹，而是他们一直以来饱满的精神，永远积极乐观面对人生悲喜的状态，决定了他们无论怎么选，都不会太差。

其实，往后的人生，已经不再需要红绿灯。那些永远积极，永远乐观，勇往直前的人无论是直走，还是转弯，都会看到精彩的风景。

而那些患得患失，犹豫不前，永远想要像田忌赛马那样，找到一个支点，找到一条捷径，想要去赌一个美好未来的人，必然是更加负重前进。

一旦遇到一点困难和不顺利，就会埋怨自己主动或者被动的选择，认为是选择的错误。

任何选择都是人在选，与其让自己在往后的十字路口患得患失，倒不如早早囤积实力，让自己信心饱满。无论你怎么选，都会是最好的选择，只要你肯坚持。

千百种人，千百种生活状态。美国作家维拉·凯瑟说：你会在风平浪静时学会一些事情，在暴风骤雨时学会另一些。

不论是小镇平和的生活，还是大城市忙碌的日子；不论是义无反顾地前行，还是看似缓和的沉着修炼，都需要勇气和力量，都是生活的必修课。

向左走？还是向右走？往前一步还是暂时停下来？什么样的生活才是自己想要的？不试着走一走，谁都无法知道。

人生有种种不公平，但有一样东西是最公平的——时间从不说谎。

你曾经选择走向哪种生活，付出了多少努力，现在的状态都是一种昭示。没有一种抵达是容易的，正因为不容易，才更应该拥抱现在所有的生活。

故事到了尾声，但人生还没有结束。不论你追求哪一种状态，希望你总能大方拥抱自己选择的生活。

这世界不会与你处处为敌

▼

▽

▽

▽

人生道理有很多，

最关键的一条是——斗败自己疲软的天性，

让自己的心强大起来。

这里没有懂不懂的问题，只有肯不肯的选择。

你如果肯，谁也拦不住你；

如果不肯，一定是有个混吃等死的理由托词，

横亘在你人生的前方。

不是生活没意思，
是你的内心太无趣

O2

▶ 生活本身就是一面镜子，如果你对生活没想法、懒得动，生活回报给你的就是没趣味、没激情；

▶ 你若对生活有追求、勤动手，生活回报你的就是很快乐、好有趣。

生活没有中间项，
要么有趣要么庸俗

只做自己喜欢的事，和无论做什么事都能从中发现乐趣，这是两种很了不起的能力。我们一直都在追求前一种，可实现前一种的途径，只有后一种。

▶ 01

表妹小优一到我家，立刻跑到沙发上摆出一个大写的"葛优瘫"，嘴里还不断嚷嚷着要辞职，原因是工作太无趣。

因为"无趣"，我都不记得她换了几份工作了。

姨妈也是没办法，这不，把她打发到我家里，自己落得"眼不见为净"。

小优的这份工作是在一家报社的新媒体部门当编辑，她自己说，就是复制粘贴纸媒的内容。公司给开的工资是两千多，如果点击率高，算绩效，但是小优说从来没见过。

一开始小优还感觉工作不错，轻松自在，没几天就厌倦了，太没有挑战性了。

我问她："你们部门有拿到绩效的吗？"

她点点头，两眼放光："当然有，算下来比我多好几倍呢。"

"那你看一下人家新闻标题编辑的时候是不是每条都重新起过？"我提醒。

"不知道，但是一开始就说直接复制粘贴就可以了。"她悻悻道。

一分析，问题就找到了。

同样是平台编辑，有人收入两千，有人收入过万，公司对你的预期是两千水平的编辑，所以你就放弃了对收入过万的编辑工作水准的观察。

一个优秀的编辑，会研究标题，会观察点击，会优化排版，会提高配图视觉，增加评论反馈，每个环节都在考验出类拔萃的技巧。

我之所以能看到小优的问题根源，因为我也曾在报社实习过。当时，正好赶上该报社承担一档选秀节目。每天接报名电话和咨询报名事宜这样的工作自然留给我这个实习生去做。

每天接电话看似很无聊，却很重要，除了要记下选手们的个人信息，还要多方了解选手的喜好、特长，这与后来比赛的精彩程度有着密不可分的联系。

后来，我将这些信息归纳整理，做成表格，保证了每一场海选的顺利进行。

看着选手们尽情展现自我，看见每一场活动都很顺利，想到有幸参与其中，真的很有成就感。更高兴的是，我的工作获得了部门领导的认可，她很欢迎我毕业以后加入她的部门。

所以，那些看似无趣的工作，只是你没找到有趣的点。

任何一个岗位，你没有观察，只会抱怨无趣，就算换一万个工作，到头来肯定什么也得不到。机械工作中，如果你只看到重复与枯燥，却观察不到重复过程的细微差异，那你的输出就永远无法超出预期。

这种状态无论持续多久，你都会深感无趣，学不到东西。

最近读书热又燃起来，但是你有没有发现，不是所有的人都会读书，有的人读书只是流于表面，甚至就是单纯地发朋友圈晒一晒，晒完之后，书丢到哪去了，根本找不到。

所以，有些人就得出结论：读书根本没用。没错，读书真的没用，因为你自己没办法捞出书里的干货，就是在浪费时间。

刘瑜在《送你一颗子弹》里说：一个人得多么鞠躬尽瘁地浪费时间，才能在如此漫长的人生中做到一事无成啊。

你读一本书，不是为了背诵全文，而是观察一种人生，品味一种视角；你老板谈项目把你带出去，不是为了看上去人多势众，而是给你提供一个机会让你观察谈判的技巧，品味其中的得失；你出去旅游散心，不是为了换一个地方拍照，而是观察当地人的生活方式，获得人生的另一种可能。

无论多么机械简单的工作，都能在细节上分得出三六九等。大多一事无成，都是因为自己从未沉下心。

你给生活意境，生活才能给你风景。你的处境从未封杀过你感知世界的触角，只是因为你两眼一闭，愣是以为自己不住豪宅就喘不动气。

▶ O2

最近，朋友 Nancy 找我诉苦，说恨不得炸翻和同事 K 的友谊小船。

K 名牌大学毕业，工作了一年多，刚来这家公司不久，为人很和善。因为是一个部门的同事，Nancy 经常和她一起外出午餐，聊聊生活，闲谈工作。

无论何时何地，生活总是不太容易，每个人都会不可避免地带着点负能量。但 K 身上所携带的负能量，超乎 Nancy 的想象。

她经常抱怨工作没意思，说不满意上司安排的工作，感觉在打酱油，她给自己的职位直接打个大大的"差评"。以她的能力，却总要干一些打杂性质的工作，比如"贴发票"这种琐碎而又枯燥的事情，看不到明显绩效，让她很没有成就感。简直就是一种没价值的消耗，而且经常要加班！

目前，她对这份工作充满怨念，但想想手停嘴就停的现实情况，又不敢轻举妄动，超级纠结。

Nancy 每天都会准点"收听"她的憋屈与不忿。时间久了，跟她一起结伴吃饭聊天、一路顺道坐车回家的人，一个个在减少。大家好像对 K 的诉苦都感到很不耐烦。

Nancy 说，她也在绞尽脑汁找借口，远离 K 的负能量。

我大致了解 Nancy 公司的一些情况，还不算太难熬，就拿"贴发票"这种事，Nancy 当年就处理得很好。Nancy 说过她是如何对待"贴发票"这种事的。她认为"贴发票"这种看起来无意义的事情，其实涉及了公司很多方面的运营信息。

于是她做了一份表格，将报销的数据按照时间、数额、消费场所、联系人、电话等记录了下来。在整理数据的过程中，她了解了公司的很多运营情况，以及领导在处理公司事务时所会遵循的一些常见的方式，进而对领导做事的意图有了一个更加清晰的了解。

领导慢慢发现，每次给 Nancy 布置任务的时候，她都会处理得非常妥帖。所以 Nancy 一直步步高升。

《贫穷的本质》里有一个观点：贫穷并不仅仅意味着缺钱，它会使人丧失挖掘自身潜力的能力。

而自我挖掘的第一步，就是要走心，要观察，要从原本没有意思的事情里发现趣味。只有察觉到，才会有被启发的可能，通过这种方式学到的东西，才会变成你知行合一的知识储备。

天堂与地狱都由自己建造。如果你视工作为一种乐趣，人生就是天堂；如果你视工作为一种义务，人生就是地狱。检视一下自己的工作态度，你会发现很多乐趣。

要想拥有一个有趣的人生，必须学会与日常琐碎谈情说爱，让水泥地里长出嫩芽开出鲜花。

▶ 03

刚开始工作的时候，我也曾傻傻地认为，完美的工作就是：这份工作的每一项内容、每一个细节都会让我感到无比兴奋，然后我会带着全部的激情去应对工作中的每一次挑战。后来，我才发现，是我想多了。

一份合适的工作应该符合三个准则：第一，你做的这份工作，主要不是为了钱（当然是相对来说）；第二，每天早上醒来，你都很想上班；第三，当有人称赞你做得好时，你就会开心到觉得之前的付出都是值得的。

然而再好的工作，也会有让你感到十分无聊的事情。例如冗长的会议、各种需要上交的表格、烦琐重复的流程……但是，你不能因为工作中存在着这些让你感觉无聊的事情，就否定掉整份工作。

如何对待工作中令你感到无趣的那一部分，恰恰能反映一个人在职场上的心智成熟程度。

对于那些不太成熟的职场新人，他们的思维模式往往是："怎么总是让我干一些无聊的事？还是随便糊弄一下吧，等到碰到自己真正感兴趣的事再好好去干吧！"

而更加成熟的一种心智模式应该是："好吧，再完美的工作当中也会有一些无聊的工作内容。我现在需要做的就是，尽可能地把手边的这件事做好，然后努力从这件看似无趣的事情当中，获得最大的益处。"

面对这两种选择，你的选择会是什么呢？

经常有人抱怨生活不如意，工作一团糟，家庭一团糟，好像周围的一切都只是些臭鱼烂虾的腥味儿，找不到能让人心生美好的东西。

如果有一天你也淹没在了自己酝酿出的负面情绪里，请相信糟糕的不是主宰万物的上帝，而是一颗拘泥于井底生活不肯跳出污垢的心。

人们总说：生活不只有眼前的苟且，还有诗和远方。

电影《太空旅客》里有一句台词：你们不能总想着远方，而忘了眼前怎么活。

眼前的未必就是苟且，就像有些失去过的东西会显得越发珍贵一样，那些看不见的近处的美好，只是因为被蒙蔽了发现有趣的眼睛。

什么才是"有趣"？

现在的人可能对"有趣"有什么误解，其实，对待人生认真且有创造力的才叫有趣，不是每天无所事事地瞎贫。

生活，不单单要活着，还要生动有趣地活着。

泰戈尔在《飞鸟集》中说："我们热爱这个世界时，才真正活在这个世界上。"人生风景无数，有人局限在自己小小的井底抱怨生活无趣，可也有人在停不下的脚步中不断领略并热爱世界的美好。

这一生短短几十年，那些得过且过对生活缺乏热情的人，只是因为见识过的景色太少罢了。

有时候，只有抵达了未曾抵达的远方，看过了从没看过的世界，知道了事物本来的样子，你才会意识到自己在这个大千世界中的渺小，也才能用心去体会往后遇见的一草一木。要么读书，要么旅行，这是一条娱悦自己，更娱悦生活的长青之路。

有趣的人，总会让生活换个角度变成情义和唯美。

有趣的人，其实就是用捕大鱼的网子考量悲伤，而后用选面粉的筛子，捕捉幸福，所以放眼望去都是拥有和满足。

有人说：从诞生那天起，我们就会被告知，要绕着这个跑道跑，一圈又一圈，直到死去。无趣的人一辈子都没有离开跑道，而有趣的人，早就跳出了循环，奔向别处。

愿你也能跳出循环，去跑道之外找寻自己生活的更多意义。

你在朋友圈羡慕的生活，
都是被 PS 过的

有时候，你不热爱自己的生活，又过于关切别人的生活，似乎只有别人，才能让你圆满。千万别难为自己，人生从来就没有可比性，总要先找到自己，才能找到另外的那些更重要的东西。

▶ 01

小时候，最讨厌听大人们说，谁家孩子考了第一，谁家孩子钢琴十级，谁家孩子奥数拿了全国什么名次。对，我们甚至都没有听清楚，那不知道谁家的孩子，到底得了第几名。

上小学的时候，能够戴上二道杠、三道杠是多么光荣的事情。我和小红是好朋友，她因为表现优秀，顺利步入二道杠的行列。而当时年少的我，不知道怎么生出了邪恶的念头，每次她来家里找我，我都要她提前先把二道杠收起来，不让家里人看见。

现在想想这件事，依然觉得脸红，我不是嫉妒小伙伴比自己厉害，只是讨厌那种比别人差的心理落差，讨厌心里那份自卑肆意生长。

那是一种莫名的失落感。这种失落感，长大也有，比如谁家孩子年薪多少万，谁家孩子娶了或嫁了什么了不起的人物，朋友圈里谁又去哪里旅行了……好像无形之中，那个不知道谁家的孩子又出现了，时刻提醒着我，自己好像活得真的不如别人。

很长一段时间，这样的失落感如影随形。

直到朋友小可跟我说了她的经历，我才发现，别人的生活未必是我们看到的那么光鲜。

几个月前，小可离职去了心心念念的丽江，以前在朋友圈看到，她一直羡慕不已，如今，终于有机会亲自体验了。

出了火车站，小可打车前往早已订好的客栈。其间，和出租车司机攀谈起来。当司机听说她是如何羡慕这里的生活，不禁笑了笑，然后对小可说："你这样的年轻人我见得多了，住一个星期就够了，早点回去过正常生活吧。"

　　那一天的小可，满心向往诗意的丽江古城，完全没有理会司机师傅的话，因为她终于要过上朋友圈里的生活了。

　　在丽江度过一周之后，小可感觉有什么地方不对劲了。她去了好几处来这里定居的年轻人开的小铺，她记得当时朋友圈最火的是一个姑娘，因为不满公司和老板对自己的压榨，毅然辞职，奔赴丽江开了自己梦寐以求的咖啡馆，当时小可看到这条朋友圈的时候，佩服得不得了。

　　结果，等她到那个姑娘开的咖啡馆时，却发现，里面一个顾客都没有，桌子椅子乱作一团，灰尘满布，可以想象，厨房一定也是杯盘狼藉……

　　那个传说中的姑娘，也不是她想象中的样子。她一副懒洋洋的样子，说起自己的店，有些不耐烦："真是太累了，没几个人不说，光打扫卫生都够忙了……

　　类似这样的话，在一周里，小可不是第一次听到。丽江，也不是她想象中的样子。在客栈每天会见到很多来自五湖四海的年轻人，他们却不像朋友圈里活得那般光鲜亮丽。

　　到处背包旅行的男生，早已累得灰头土脸；一对老年夫妇，看起来生活富足，其实和儿女的关系一直很差；一个看似轻松快乐的客栈老板，却因父母离异而无家可归……而他们的朋友圈，有无数条羡慕的评论和赞扬。

大多数人的生活，都不是她曾经在朋友圈里看到的那样。很多人有体面的工作，并没过上体面的生活。小可突然开始怀念，那种属于她自己的生活。不怎么体面，但是却有属于她自己的"人间烟火"味。

在上海，有三五好友，能畅聊分享；父母会不定期地给她寄爱吃的特产；她的工作，也曾经获得客户的认可；还有一群一起健身的朋友，陪她一起大汗淋漓地挥洒汗水……

她想起刚刚到丽江，司机师傅说的那句"回去过正常人的生活"，才明白其中的深意。现在，她已经重新投入到工作中，带着满腔的热血和激情。

她对我说："我们好像总是想过别人的生活。如果你有机会去和别人交换人生，你就会明白，现在的你其实是最好的。丽江的生活真的很好，空气很清新，时间过得很慢。但并不适合所有人，这样的生活并不是我想要的。此刻，我所理解的生活，是努力变得更好，有能力去拥抱自己喜欢的一切。"

▶ 02

你总是这样说：

"要是我像她这么漂亮就好了，在这个看脸的社会，颜值决定一切。"

"要是我也有稳定的工作就好了，什么都不用干，坐等升职。"

"要是我也有一个有钱的爸爸，我还用干活吗！"

你用羡慕的口吻说着别人，又怨天尤人地说着自己的现状。日复一日，周而复始。好像别人永远过得比你好。都是别人有有钱的父母，有颜值，有才华，人缘好，被赏识。都是别人做着你想做的工作，过着你想过的生活。

如果有机会和别人换，过上那样的生活，就别无所求了。

和 D 小姐是在一次朋友的生日 party 上认识的，当时我、"拼命三娘" Kate 和 D 小姐凑在一起闲聊。

Kate，人如其花名，干什么都拼命，她是各种聚会上的活跃分子，对什么事儿都特别好奇，叽叽喳喳说个不停，也经常拉着别人讲讲工作和生活中的趣事，对于她，我已经见怪不怪了。但是我分明看到 D 小姐几次用惊讶的眼神看着她。

后来，D 小姐还是忍不住了，对我说："Kate 和我的一个大学同学很像，就是走到哪都不会冷场的人。我特别羡慕这样的人。她们独自去过那么多的地方，做着这么精彩的工作，聚会的时候随便讲一个故事，我都羡慕得要命。"

D 小姐比 Kate 大两岁，她使劲地回忆着两年前的自己在做什么。

想了半天，她说："两年前，生了第一个宝宝，现在刚生了第二个。好像我的记忆就停留在大学毕业的时候，毕业以后，除了老公孩子，我想不起来任何事情了。"

所以她羡慕得要命，但是，所谓 Kate 的生活是什么样呢？

Kate 毕业后做了很长一段时间特别枯燥的工作，D 小姐并没有看到。

后来，她换了工作，经常出差。常常一下飞机就投入工作状态，能吃到一份三明治那都是福气。这些 D 小姐也没有看到。

去年，有一次去高原工作，原本没有高原反应的 Kate，由于过于自信，劳累了一整天之后，晚上回到酒店，头痛欲裂。更可怕的是，不间断地拉肚子，一晚上差不多快二十次。整个人瘫倒在床上，上网查高原反应拉肚子会不会死掉，打电话给前台要氧气，自己吸着氧，烧热水。而第二天凌晨四点又出发去机场，赶往下一个城市。

这些 D 小姐也没有看到，但是我看到的是，Kate 在朋友圈上 po 了一张裹得很严实的照片，写着"在西藏，有点高原反应，不过还活着，呵呵。"轻描淡写，只字未提严重程度。她把那些闪闪发亮的日子写给了大家看，却没有说出自己的心酸。

这样的日子是不是真的值得羡慕？

我问 D 小姐："那你愿意和她换吗？是整个人生全部都换的这种。"

她马上回答，当然愿意啊。然后开始支支吾吾，说了一大堆"可是"。

"可是，她工作太辛苦了，作为一个女孩子，这样太累了。"

"可是，她一个人也挺惨的，每天回家连个说话的人都没有。自己做饭，自己吃，太寂寞了。"

"可是，她还没生孩子，这么忙，不知道要到什么时候才能生完两个孩子，我的宝宝们都会说话了，我很爱他们。"

真的要全部换的时候，她突然发现了自己生活很多好的一面。她突然发现，一个人打拼的姑娘是有多么地艰难和不易。

然后，她说她不愿意和 Kate 换了。

D 小姐说："这么想想，她放弃的东西太多了，我自己现在这样也挺好的。和她换来的人生太累、太孤单了，我受不了。"

所以，不要眼馋别人年入百万，毕竟你的孩子聪明可爱；不要羡慕别人说走就走，毕竟你老公体贴温柔；不要嫉妒别人少年成名，毕竟，天才最好是大器晚成。人生是综合分，不要看到别人光鲜的附加分，而忽视了已然握在手中的基本分。

很多时候，你只看到了别人美好的一面；而你所亲历的，才是生活的本来面目。

当你觉得别人活得很自由的时候，也许他也失去了很多天伦之乐；当你觉得别人内心很强大的时候，也许是因为他的心受过很大的创伤，才对生活的挫折无感。

事物永远都有凹凸面。你所得到的，都是你失去的东西在为此支撑着。

▶ 03

单身的羡慕恋爱中情侣的甜蜜，恋爱的羡慕单身小伙伴的自由；结婚的羡慕未婚的无压力，未婚的羡慕结婚的有依靠；有房的羡慕没房的无房贷压力，没房的羡慕有房的有自己的窝；有工作的羡慕无业者的慢生活，无业者羡慕工作者的充实。

是的，我们彼此羡慕，却谁也付不起对方的代价。

那个看上去什么都拥有的别人家的孩子，所拥有的不过也是一个方面，并且他所走过的路，他吃的苦，流过的眼泪，你也全部没有看到。

仔细看看，谁又比谁容易呢？你可能还是会说，你愿意和扎克伯格换，愿意和马云换。

也许你只想和他们换钱吧，并不愿意和他们换付出。他们每一天的生活究竟是什么样，承担的压力究竟有多大，是否如同你我一样自由，躺在床上睡得像小猪一样，从不失眠，答案可不一定。

为什么不换那份更高薪的工作？因为它同样带来了高风险和高强度；为什么不去那个心心念念的远方？因为故乡依然有那个值得

你惦记并且留下来的人。

谁都不傻，如果另一种生活相比自己的生活有压倒性的优势，那么你早选了。

那么从什么时候起，秩序平稳的内心世界，好像一下被别人家的孩子摧毁了。

小时候，总以为"别人家的饭香"，所以被妈妈抓回家面对一桌好饭时反倒失去了向往；长大了，你依然带着一身的稚气，误解着别人家的芬芳，也误解着自己家的日常。

"别人的生活"让你迷茫不安，"我们的羡慕"让自己心烦意乱。而最惨的代价，是迷失自我。

赫尔曼·黑塞说：对每个人而言，真正的职责只有一个，找到自我。然后在心中坚守其一生，全心全意，永不停息。所有其他的路都是不完整的，是人的逃避方式，是对大众理想的懦弱回归，是随波逐流，是内心的恐惧。

换句话说，每个人都有自己的路，任何不合用的路都是在躲。生活方式的轨迹千千万，一生有很多种活法。不同的生活方式都匹配着不同生活方式的烦恼，你不能光羡慕好的，却承受不了坏的。

如果羡慕成功者的富贵，请别一味羡慕他们富贵后的事，那些名牌表、包、酒、车，都是他们富贵后的事，硬撑着模仿了，也只能图个穷开心而已。要羡慕，就羡慕他们富贵前的事，那些拼搏、专注、耐心，全是些风吹日晒、灰头土脸的事。

所以下次，当你羡慕别人的人生比你快乐的时候，你就想一想，你真的愿意付出所有，和他交换吗？

对人类来说，最好的安慰剂就是知道自己的痛苦并不特殊。你要在别人那里看到生活的真相，然后活出自己的人生。而你的人生哪怕不光鲜亮丽，却有自己的温度。

没有什么生活在别处，每一个人都是在一堆鸡飞狗跳中看清生活的真相，依然勇敢地热爱它，拥抱它。

无知者最是喧嚣，永远不要用臆想出来的美好去定义自己的生活。

梭罗说过，他希望世界上的人越不相同越好，每一个人都能谨慎地找出并坚持他自己的活法，而不是简单地因袭和模仿他父亲的、母亲的，或是邻居和别人家孩子的生活方式。

你在朋友圈羡慕的生活，都是事先被 PS 过的。而你要面对的生活，是开怀大笑，也是大梦一场；是兴奋自信，也是焦虑无聊；是畅快淋漓的大醉，也是任谁远去的心碎。

你要面对的生活，不能被剪辑，不能被 PS 美化，每一天都是酸甜苦辣，每一天都没办法弄虚作假。你在这其中体会到痛苦，了解了珍惜；品尝过失去，得到了成全。你得到了来这世间走一遭的全部意义，所以你还在羡慕谁？

你不必非得追寻"像谁一样"，你的人生，终究是由你选择，由你过完。你的生活，是你自己的剧本，不是父母的续集，不是子女的前传，不是朋友的番外篇。你的学业，由自己计划，每个人要经营自己的未来，不必随波逐流，模仿照搬。你的生活，任自己打点，只需忠于你的灵魂，不必活在别人的眼中，或是舌尖。

不要把时间浪费在别人的生活里，你的时间有限。不要生活在别人思考的结果里，被条条框框束缚牵绊。不要让他人观点所发出的噪声，淹没了你内心的呼喊。

就像可可·香奈儿曾说："我的生活不曾取悦我，所以我创造了自己的生活。"

在喜欢这件事上，
你需要再认真一点

仪式感并不难得，难得的是那颗认真的心。你装点半日，盛装出席，不为清风，不为朗月，只为哪怕是狂风暴雨中去见他。你对生活的付出与热爱，值得你这样庄重地对待自己。

▶ 01

上周末，和朋友双双逛街。

"你说，我和阿豪还能不能坚持下去？"双双突然问我。

我刚刚喝到嘴里的咖啡，差点喷出来："怎么了？别吓我，我可是知道你家那位，工资一直都上交给你的，定期帮你清理购物车，现在这种男人几乎绝种了，好吗？"

"他对我真的特别好，但是我觉得生活没有一点乐趣。比如，马上就圣诞节了，我闭着眼睛都能知道，今年的圣诞怎么过。在家看一天电视或者逛商场，跟其他周末不会有区别。"双双皱着眉头说。

前几天双双过生日，刚好也快要到他们恋爱五周年的纪念日，双双一早就准备了男朋友阿豪的礼物，给他买了一条围巾，小心翼翼地藏在衣柜的最里面，等待着纪念日那天给他一个惊喜。

生日那天，双双早早买了蛋糕回家，做了阿豪最喜欢吃的鱼香肉丝。

阿豪下班回家，两手空空，一进门就开始打游戏，双双叫他吃饭，他也随便应了一声。

吃饭时，阿豪对双双说："生日快乐。"

双双满脸期待地看着阿豪，说："谢谢，除了生日快乐没有然后了？"

男朋友敲了敲盘子："然后？快吃饭啊，都凉了。"

双双"哦"了一声。

整个晚餐吃完，双双都没有感到生日的快乐。双双想：算了吧，也许他太忙没时间买礼物，也有可能是想等过几天纪念日的时候再送。

想到这些双双心里舒服多了，决定纪念日的时候看阿豪的表现。

纪念日前一天，双双怕阿豪忘记，就提醒他："你记得明天是什么日子吗？"

阿豪说："记得啊，我们在一起五周年了。"

双双笑了，心里想着这下他总会好好准备了吧。

纪念日当天，双双准备好饭菜，还买了红酒，把包装好的礼物放在餐桌显眼的地方。然而，阿豪下班回来的时候，仍然两手空空。

双双拿起桌子上的礼物给阿豪，问他："你知道今天是我们五周年，你给我准备的礼物呢？"

阿豪有点不解："我把你购物车清空了，那么多东西，花了不少钱呢。一整个购物车里的东西，都是我送你的礼物。"

双双忍无可忍，对阿豪说："我想要的根本不是礼物，是一份你爱我的心。不是说没有礼物就代表你不爱我，只是纪念日和生日这种事情并不是每天都有的，我只是想要你给我一份有仪式感的爱情。"

可想而知，当天的纪念日不欢而散。

双双对我说："有时候，我觉得平平淡淡的生活很幸福，但是还是期待偶尔的一些小惊喜。生日的时候，不需要香奈儿、迪奥，哪怕是一个音乐盒，我也高兴；情人节的时候，不需要有九百九十九朵玫瑰，单是有他亲手做的心形牛排，也能感觉到他的爱……我是不是要得太多了？"说完这一大堆之后，双双有点难为情了。

"不会，我觉得你要的一点儿也不多。"

对于一个五年都没有收到过男朋友给自己准备的生日和纪念日礼物的女孩来说，我突然明白，一份有仪式感的爱情对女孩来说到底有多重要。

那些男人们觉得超无趣的小事，就是女人的爱情。

其实她想收到的并不是礼物，不过是想感受到那份被人时刻在意、捧在手心的感觉。她只是希望自己在意的事情，另一半也能够从心底里在意着。

如果没有一些仪式，那生活的每一天都没有什么特别之处，多年以后，当两个人回忆往事，会发现没有任何"回忆"可数。人生除了忙忙碌碌、平平淡淡以外，再无其他让自己欢喜的日子。

仪式感，的确就只是一个形式，可并非无用。在爱情里，日复一日寡淡的生活会消融彼此的激情，爱依然还在，只是很难再感觉到它的存在，能感知到的只有平淡和腻味。而烛光晚餐、礼物、纪念日，这些仪式感是对相爱事实的提醒，也是增进感情的催化剂。

对于爱情来说，仪式感不是锦上添花，而是寒冷时那抹跳动的火光，是平凡生活里的美丽梦想。有它在，爱情才能永葆鲜活，不会有凋零之虞。

▶ 02

我曾经问过身边的一个长辈，问他还会不会在纪念日给爱人准备小礼物。

他回答："当然会准备了。"

我问："难道不会因为是老夫老妻了，就觉得不必再互送对方礼物了吗？"

他的回答让我感到很暖心："难道因为在一起的时间久了，就不应该像恋爱最开始的时候那样好好爱对方了吗？难道要因为已经得到心上人就肆无忌惮地去消耗爱情吗？"

是啊，恋爱刚开始的时候，你总会记得生日给对方准备礼物，纪念日也会给对方惊喜，从什么时候开始，你不再这样做了呢？

恋爱久了、结婚几年之后，许多人的生活不约而同进入"死水微澜"的状态，七年之痒并非一定要天崩地裂，有时候就是不痛不痒、不远不近，味同嚼蜡。

告别热恋时五彩斑斓的颜色，恋爱时盛装约会、忐忑见面的心情，在平淡生活里日复一日的消磨，甚至连约会纪念日、结婚纪念日这些曾经非常珍视的日子，都可以淡漠平常地度过——许多人只顾匆忙赶路，埋葬快乐。

所以，仪式感在很多时候都是不可或缺的。

在经典影片《蒂凡尼的早餐》里，奥黛丽·赫本饰演的霍莉会穿着黑色小礼服，戴着假珠宝，在蒂凡尼精美的橱窗前，慢慢地将早餐吃完，可颂面包与热咖啡，瞬间变成盛宴。

这诗意的仪式感，让苍白的生活光华熠熠，映照着霍莉心中美好的向往。人人都爱蒂凡尼的早餐，可是却鲜少有人扭头看看自己在生活里，多么糟糕。

大悦悦是朋友之中最让人羡慕的人，因为她过着我们始终羡慕却从未过上的生活。这不是说她生活得多么大富大贵，而是她一直活得很有仪式感。

她每天五点半起床，跑步一小时之后开始做早餐，早餐也从不马虎，面包配果酱，一份水果沙拉，一个太阳蛋，一杯果汁。吃得精致而讲究也就罢了，还要铺上桌布，放着轻音乐，优雅又有情调。

晚上下班之后，会顺路去买菜，回家给自己做一顿晚餐。炒两三样小菜，煲一锅汤，偶尔还给自己倒一杯红酒，悠闲地一个人慢慢吃完。洗好碗，收拾停当之后，会去跑跑步。回家之后，阅读一小时，边看边批注并做笔记。

很多人说她矫情，但是了解她的人从来不会这样想，你只要和她多接触几次，就会发现她是一个多么有魅力的人——言谈睿智得体，对生活保有旺盛的热情，对世界有着强烈的好奇心和探索欲。

她不止一次地向我们推荐她的生活方式，她说："一天之计在于晨，给自己准备一顿丰盛的早餐，好心情就从此刻开启了。阅读可以让我懂得更多，视野更广阔，跑步健身可以让我清楚地感知自己的身体，这两件事是一定要坚持的。"

《小王子》里，小王子在驯养狐狸后的第二天又去看望它。

"你每天最好在相同的时间来。"狐狸说，"比如说，你下午四点钟来，那么从三点钟起，我就开始感到幸福。时间越临近，我就越感到幸福。到了四点钟的时候，我就会坐立不安；我就会发现幸福的代价。但是，如果你随便什么时候来，我就不知道在什么时候该准备好我的心情……应当有一定的仪式。"

"仪式是什么？"小王子问道。

"这也是经常被遗忘的事情。"狐狸说，"它就是使某一天与其他日子不同，使某一时刻与其他时刻不同。"

生活本来就是这样：柴米油盐酱醋茶。如果不给自己"找点乐子"，那该多无趣。仪式感，让平凡的日子，也可以散发出光芒。

仪式感是生活的一剂强心针，有了它，所有的平淡都会变得有趣，所有的乐趣都会被无限放大，所有日子都会变得充满期待。

我们需要不断庆贺眼前的美好，方得以无畏前行。爱和美，是我们能对庸常生活所做的最大的改变和不妥协。

▶ 03

很喜欢村上春树创造的一个词：小确幸，指微小而确实的幸福，持续时间三秒钟到一整天不等。村上列举过好多他的"小确幸"：一边听勃拉姆斯的室内乐，一边凝视秋日午后的阳光在白色的纸糊拉窗上描绘树叶的影子；在鳗鱼餐馆等鳗鱼端来时间里独自喝着啤酒看杂志；闻刚买回来的"布鲁斯兄弟"棉质衬衫的气味和触摸它的手感……

在我看来，所谓的"小确幸"，很大程度上就是对待生活的一种仪式感，一贯认真有趣的态度对待生活里看似无趣的日常，体悟到生活本质中小小的不易被发掘的乐趣。

我能够认识到仪式感在生活中是一件多么重要的事情，是关于一个朋友。

当初认识这位朋友，以为这是自己一生的知己。有一年她来我的城市看我，我用半个月的工资为她选了一件礼物，以为她也会看重我们的情谊和缘分。

直到有一天，我无意中得知，她把我送的礼物回去就转送给了别人，听到那样的消息，很失落。后来，才明白那种感觉就是隆重的仪式被轻视后的失落。

当然，之后我们因为其他原因，慢慢就没有来往了。但是至今其他的事情都会忘记，偶尔有人说起她来，那件事仍然记忆深刻，就像你极其看重的东西，却轻易地被风吹走一般的失落。

仪式感会让生命有质感，让生活变得庄严。把每一天当成节日来过，让生活变得隆重，时刻提醒，每一天都值得纪念，今天的仪式必将是未来美好回忆的素材。

人生在世，就像在一条漫长的暗黑河流里漂泊，不知去向，也不知道什么时候就会撞上暗流，被一卷而走。生活里的很多人和事，开始得猝不及防，结束得悄无声息，他们来的时候，你没有准备好迎接，他们走的时候，还不习惯失去。

说到底，生活这条河流忽东忽西，忽远忽近，充满了不确定性。而仪式感，就是在这条河流上建造一个个闪烁着光芒的灯塔，这些灯塔赋予每一个普通的日子和行为不再普通的精神内涵，让你确知自己的存在——我来过，我活过，我爱过，我努力过，我美好过，我璀璨过。

爱情里的仪式感，重温了浪漫，激活了感情，是平凡生活的重要调剂。它在无言静默处又烧起了一把火，擎着这光亮，就能携手再走一段明亮的路，去往白首之约的远方。

而生活里的仪式感，能让你更深入地参与到自己的生活里，清晰地知道一个个人的前来和离开，一件件事的开始和结束。以后再回忆起这段时光的时候，这些充满仪式感的时刻就是记忆里闪着光的节点，照亮了曾走过的那段遥远路途。

仪式感，提升了你对生活的参与感，也唤醒了你对幸福的敏感度，它是让平凡日子发光的魔法，是你对庸常生活的复仇，让你的心灵不至于日渐麻木不仁，让你的每一个向善和向上的举动都变得有意义。

当你觉得生活沉闷乏味的时候，当你觉得爱情转入平淡、缺乏激情的时候，当你觉得人生苦闷、没有意义的时候，你不必凄惶无助，也不必颓废浑噩，你只要去做些富有仪式感的事，相信它们足够点燃你内心的火把，照亮你前行的路。

缺乏仪式感的爱，不足以久长；没有仪式感的人生，也不值得你去过。仪式感照亮了你的路，你才更看得见平凡生活里的小小幸福。

你按套路过日子，
就别怪岁月还你以套路

想要与众不同，却总觊觎稳定；想要尝试，却在现实的吃喝拉撒前低下了头。你所谓的稳定，不过是随波逐流。千万别只是一觉睡醒，才发现世界早已改变，只有躺在被窝里的你，还停留在原地。

▶ 01

诗诗是那种拼命也要找稳定工作的姑娘，投简历不是大企业都不会去面试，一边找企业，一边考公务员，还一边在家里考教师上岗资格。

在她的观念里，只有这些工作才能保障以后的生活。稳定，有五险一金，这样的工作才算是工作，其他的都是打散工。像是创业这种高风险的行为，她一定不会接触，她向往的是有人发工资，有人可以保障以后的生活。

　　在好不容易进入了事业单位工作后的两年，她却想辞职了。准确地说，她不是想辞职，是不得不辞职。

　　她的部门今年来了两个新人，刚刚大学毕业，朝气蓬勃，最重要的是工作努力，效率高。平时懂得举一反三，很会讨领导欢心。

　　诗诗以为来了两个厉害的角色，自己可以轻松了，没想到，她几乎成了一个废人。以前其他部门和她工作对接的人，都不再找她，找两位新人了。

　　对比是一种很强烈的伤害，也是一种能让人快速认清自己的方式。诗诗在这个情况下，完全没了用武的地方。

　　她在单位"无所事事"熬了半年后，最后受不了身边同事的白眼，还有议论，忍着难受辞职了。

　　她说："想当初我入职的时候，也是单位的宠儿，大家都夸我是有学历的高等知识分子。"

　　她给人的感觉就是，进了单位之后，觉得有了铁饭碗，对自己没有了任何要求，她所在的单位里，当时就只有她一个年轻人，几年轻松的日子，把人给过颓废了。

这几年，诗诗早就丢掉了自己曾经引以为傲的技能了，她以前英语非常棒，大学的时候，经常会在网上接一些兼职、翻译什么的。但是前不久我找她帮忙的时候，她说不行，已经很生疏了。

一切太舒适，就会失去前行的动力。铁饭碗一点都不铁，真正的铁饭碗是自己能有保持不被替换的能力。真正的稳定，不是你在一家单位有饭吃，而是你足够厉害，不论走到哪里都有饭吃。

生活最好少一点套路，多一点真诚。要么你就萌得被人爱，要么就有自救的能力，必须有一样。从外界去找安全感，最后日子难过的只是自己。你按套路过日子，就别怪岁月还你以套路。

曾经有人说：我为什么离开体制？我站在那里，一眼就看到了自己退休的样子……世界千变万化，我不想活成一个标本。然后，我离开。因为爱自由，所以身体力行。

最怕就是在舒服的环境里，你就以为自己活在了安全区。你不知道，生活什么时候会捅你一刀，没有日常中的锻炼，在重要关头就闪躲不了。

没有危机感，是最可怕的存在。沉浸在舒服区里，其实就是堕落。没有什么铁饭碗能保得住一个不求上进的人。

不是社会放弃你，而是你放弃了自己。机会满地都是，你就是没有能力去捡。即使捡起你也留不住，因为别人没有能留下你的理由，后来者居上。

普遍让人难过的现象就是，很多人凭努力获取了自己想要的金钱或者物质，就不再进步。拥有宝剑，却任由其生锈，这是一种悲哀。

情况是在不断地变化，要使自己的思想适应新的情况，就得学习。拥有过硬的能力，跟随时代变化，自己也不停地进步，这才是最好的人生。

▶ 02

曹志高三个月前换了一份工作，他在上一家公司待了一年了，每天都过得很清闲，工作量少，薪资也不高，口头上和领导说一声就可以请假了，没什么激情和动力。总之，他这一年过得很安逸。

刚开始很享受这种生活，后面却陷入舒适区无法自拔了。没有上进心，周末只想窝在家，原来太过安逸真的会让人堕落。

这种舒适区就像一个温室，表面看起来轻松自在，内心却焦虑不安。即使这样，依然贪恋里面的温暖，不愿出来，不愿改变。

都说由俭入奢易，由奢入俭难，工作也是如此，从一份安逸的工作跳到一份强度大一点的都会不习惯，甚至害怕。每每想到要面对一个新环境，接触陌生人，心里无比抗拒。

曹志高也是如此，他想要换一份有发展空间的工作，却舍不得现在的轻松。

朋友得知他的低潮，总时不时给他打鸡血。可是自己不愿改变，谁也帮不了。如果不逼自己一把，只会陷入堕落的深渊。

直到半年前，他参加同学聚会，发现自己的同学都很优秀，他们都很喜欢自己的工作、很有干劲。

聚会后，他心里越发不安了，觉得再这么下去，一辈子就要毁了。于是他开始给自己充电，不久后他通过努力来到了现在这个公司。

公司的规章制度都很完善，同事们都很有上进心，而且只要有能力，就可以拿高工资，向上发展。

他每天下班后还会参加一些线上课程，为的就是提高自己的专业能力。

曹志高说："和频率相同的人在一起工作真是太有意思了，以前下午两三点就开始期待着下班，数着时间过日子。现在一忙起来，时间就到六七点了，日子过得充实，现在才明白，不努力一下都不知道以前的自己有多差，不多给自己一点强度就不知道原来自己也可以变得优秀。"

身边的许多人，宁愿活在日复一日的抱怨里，也不愿尝试去改变。年复一年，岁月蹉跎，早已记不起当时许下的豪言壮语。

罗曼·罗兰说：大多数人在二三十岁上就死去了，因为过了那个年龄，他们只是自己的影子。此后的余生都是在模仿自己中度过。日复一日重复他们在有生之年的所作所为，所思所想，所爱所恨。

曾经在知乎上看到这样一段话：人们做任何事情都会有两个因素，一是追求快乐，二是逃避痛苦，一般而言逃避痛苦的力量大于追求快乐。

所以，安于现状往往是由于痛苦还远不够。

追求安逸是人与生俱来的本能，要想获得成功，终究要尝试走出舒适区。尝试虽难，但后悔更甚。就像有人说的，不要怕梦想无法实现，你在路上看到的风景，不努力的人连看的机会都没有。

▶ 03

随着年龄的增长，很多人越来越熟悉这个社会的症候，却也越来越无力挣脱。在别人的口舌划好的安全区域内，安心做一只待在温水里的青蛙。

大多数人都需要安全感，这个安全感，便是青蛙熟悉的水温。

温水煮青蛙说明了人由于对渐变的适应性和习惯性，失去戒备而招灾的事实。突如其来的大敌当前往往让人做出意想不到的防御效果，然而面对安逸满足的环境，人容易被环境迷惑，往往会产生不拘小节的松懈。由于这个过程是一点一点地变化，让人在不易察觉中完成了整个蜕变，待醒悟过来为时已晚。

人生如果安于现状，也一样能过，但是你真的甘心如此吗？没有斗志的日子，跟咸鱼有什么区别。

某互联网公司大规模的裁员事件，引起了很多人的关注。

这两年传统媒体行业离职潮在社会上传播得沸沸扬扬的，无论是主播，还是记者，跳槽的跳槽，创业的创业，好像一夜之间，这顶巨大的光环大家都不要了。

是有更好的出路吗？其实不尽然。大家被互联网，被新行业冲击，变得焦虑了。传统行业的人开始寻找新的出路。

而这种寻找出路的思路是怎样的？多数人谈论的是，离开传统行业，那么至少要去一个有保障的互联网大公司。然后大家觉得这家公司这两年发展不错，大家一窝蜂都去了该公司。

前段时间曝出该公司股价下跌，大规模裁员，突然发现，不过两年的时间，从扩张变成了裁员。

一开始他们的思路就错了，在这个时代，已经没有所谓"稳定有保障"的工作了。如今几乎人人都有驾照，驾驶员这个职业早就已经萎缩了。而未来，车自己就会开了，人工智能又将改变多少就业岗位，不是我们苦苦追求一个稳定，这一天就不会到来的。

所以，没有稳定的工作，你需要的是稳定地彪悍着。

你要考虑的已经不是传统行业不行，要去互联网大公司了。你要考虑的是如何才能不断学习，不断有勇气重新再来，才能小步快跑地跟上这个飞速发展的时代。只要你稳定地彪悍着，那么无论风往哪个方向吹，你都能够迎风奔跑。

生活像一头大象，每个人都是摸黑的前行者。有的人摸到了象粪，闻了闻，就觉得前方是臭的，社会是黑的，于是放弃了，他们还怂恿别人尽快止步；可是有的人明明摸到了象腿，不忘初心，坚持攀登，终于爬上了象背，驾驭了人生。

大家都在盲人摸象，没人能看透人生。生活总有不如意的地方，他们可能刚巧看到了这一点。但那不是社会的常态，更不是放弃的借口。

那些不屑于在意别人目光和评价的人，他们目光坚定，于是一路前行，无所畏惧。当那些青蛙还在喋喋不休时，一个惊觉，你已经站在他们无法企及的高度。

俯下身子过生活的人，拼命追求安全感，安全感却离他越来越远。踮起脚尖够生活的人，永远在力所能及的范围内，给自己最好的人生体验。勇敢地选择不一样的生活，多一次冒险，就多一次体验不同人生的机会。

听说你得了"空心病"，
感觉身心被掏空

你越坚持该是什么样子，就越快失落那个样子。有时候你必须让自己有个弹性，而不是过度地坚持你是谁。

▶ 01

最近有个热词总在刷屏——"空心病"。现代人时常会感觉疲惫、孤独、情绪差，感觉学习和生活没什么意义，寻根究底还是内在动力不足。感觉身心被掏空，其实就是焦虑。

先是因房而起的焦虑。没买房的人为因买不起房而焦虑，有房的人因在低价位时抛出了房子而焦虑，有房住的人因怕还不起贷款而焦虑，生了孩子的人因没有买好学区房而焦虑。

后来，这股起于房市的焦虑蔓延到生活的各个角落。于是，所有在房子上、工作上、生活上、爱情上有丁点不顺利的人，都开始焦虑。

你跷着二郎腿，刷着微信，追着网剧，一遍遍逛着淘宝，等待着"双十一"的折扣，焦虑着什么时候工资才能涨，房价才能降，却唯独没有多读一本书，多研究工作，为自己的职场加码，钱包增肥，以期早日过上"买买买"的日子。

你一面吃着火锅，焦虑地跟闺密讨论着长胖了怎么办，皮肤变差了怎么办，是不是再也不能穿漂亮的衣服，拍美美的照片，却唯独不肯去健身，享受挥汗如雨的快感。

这样的你，可真焦虑。

明明硬盘里塞满了干货技巧必备帖，大脑里依然空空如也；明明自拍修图老半天，超高评论量却拯救不了现实苦瓜脸；明明一天吃两顿夜里狂跑三圈，前凸后翘还是渺茫又无期。

可气的是，身边那些家伙，要么人美条顺气质佳，要么"双商"（情商、智商）把人虐成渣。你开始暗骂，做人真没劲。努力有什么用，自己怎会平庸至此。

于是，想着如何节衣缩食，过后半个月的你；想着商场里那件漂亮却昂贵的衣服，夜不能寐的你；想着天有不测风云，捂着存款省着钱的你，日子，就真的过得容易吗？

是不是，想着想着，又焦虑了？

焦虑，它本质上是来源于期望与现实的落差，找不到路达到。

对于缺乏生活掌控力、自我意义感差的人而言：一旦努力都无法消弭有关未来的不确定，那么些许敏感、比较、失衡、落差，便都会成为焦虑的帮凶。

之所以"明知道"却"做不到"，之所以手头事毕却内心迷茫，之所以害怕失败压力山大……说白了，是没弄明白"自己到底要什么"。内在动力不足，眼前之物便如鸡肋，吃不进，亦吐不出。

日子久了，激情会撤，野心会碎，鸡血会馊。身心被掏空的你，先要找到"真实的自我"。

▶ O2

我有一个很要好的朋友，静香，因为长得很像漫画《哆啦 A 梦》里的静香，因此得名。静香是一个好强的姑娘，又特别聪明。

初中时每次考试，都能考第一名。慢慢地，她自己也认为考第一名是理所应当的事。于是，更加勤奋地做题，保证以后都考第一名。

每个人都是如此，总想把一件事情很漂亮地做下去。为此，一点点算计，一点点筹谋，一点点努力，就为了事情能一直按照自己的计划，顺利进行。

可是，这些看似漂亮的事，并不一定就是好事。

静香说，她前几次考第一名还很开心，可后来压力越来越大，因为总怕下一次考不好。但要强的性格又时刻鞭策着她不能松劲儿。她只好憋着一口气，狂刷题，直到把自己累倒。

由于生病，她没能考到第一名。

后来，她当然经历了焦虑、不安、难过……可是幸好，也终于放松了那根紧绷的弦，不再日日为了考第一名而费尽心神，可以像以前那样，好好读书做题，然后凭着天生的聪明劲儿拿前几名的名次。

她开始享受课间和同学玩闹的时光，放学的时候也不必匆匆赶回家做题，流连于花花草草。

在此之前，她只知道拼命赶路，以求在下一次考试中，得到她计划中的第一名。

可自从失掉第一名之后，她终于醒悟，向上爬得太累时，就应该学着松弛下来，去发现平时没看到的美好事物，学着在柔软中得到欢喜，得到满足，也得到力量。否则，就只能在向上爬的焦虑中，把自己勒死。

静香的"第一名焦虑"，和当下许多人的为房子、为工作的焦虑，看似不搭边，其实都是一个道理。无非是惶恐于得不到那件自己计划许久，也为之努力许久的东西。

静香是幸运的，因为一次小小的打击，不再执迷于第一名。心不再执着，还因更美好的事而充实、满足，当然就不再焦虑。

可大多数人，还是会为房子、为工作、为欲望、为金钱，或是为一场错爱而日日焦虑，深陷其中，虽深知痛苦却又无法自拔。

紧绷到极限，人会垮。所谓的化解焦虑，无非就是要脱离那种攀着绳子向上爬的紧绷感。回到大地上，让心有所依靠，有所满足。

没错，能化解焦虑感的，是满足感。这满足感，可能不是来源于你焦虑的事物有了进展，而是因为你终于能够在身边的其他事情里，发现那些值得欢喜的事。

别总想着"赚他一个亿的小目标",也别总想着要花一两年就在大城市扎根,这种不断给成功施加新定义、企图一步到位的心态,可能对填满你的野心无益,倒是能让焦虑感不断紧随你。

抛开欲望和野心,还有各式各样的成功定义,你真正要做好的,是专注于生活本身,与身边的一切美好事物快乐相处。

当然,欲望和野心也不是坏东西,但是当它们无法马上实现的时候,不妨慢慢来。你要去发现,除了成功欲望之外,身边其他那些能让你心生满足的事物。

胡适先生说过:"怕什么真理无穷,进一寸有进一寸的欢喜。"很多事,就像拾级而上,要一级台阶一级台阶地登,这样更容易顺利地登上高处。

迈出第一步并不难,难的是到达目的地。可是,如果目标只是下一步,心理上就不会有那么重的负担,走起来也不会感觉艰难了。

有位去西藏的朝圣者,一步一叩首,看似非常辛苦。有人问他,那么远的路,你什么时候能走到?

朝圣者微微一笑:"我从不想去西藏的遥远,我只想脚下的路,多走一步,就离圣地近一步。这样走,就不觉得远了,也肯定会有到的一天。"

最好的事情，从来都不是一步到位的。

而你，如果也曾为梦想迈出过第一步，想要放弃的时候，不妨瞄准心中的"小目标"，去试试只低头看路，走一步再走一步，走一程再走一程。不期然间，说不定心中的圣地就在咫尺，美丽的风景已到眼前。

▶ 03

焦虑，不总是消极的，有时候也是一种一不小心，就会落于人后的惶恐。这种心态与恐惧类似，也令人感到不舒服。但是，适当的焦虑是令你成长的动因之一。

因为焦虑在小县城死掉，所以拼命折腾到北上广；因为焦虑所有人都在进步，只有自己原地踏步，于是努力提升自己；因为焦虑责任担不起，期待被落空，所以拼命站起身来，扛起责任。

如果没有外在的压力，内在的焦虑，你会很容易屈服于惰性，变成一个得过且过的人。

挪威人有一个有趣的传统。渔民在深海之中，发现大量沙丁鱼，捕捞上来，准备上岸卖个好价。但是，从深海返航，需要漫长的时日，许多沙丁鱼还没等到上岸，就已经死了。

后来，有人想出绝招，在沙丁鱼槽中放入它们的天敌：鲇鱼。当鲇鱼进入鱼群，每条沙丁鱼都压力山大，拼命游动，生命力爆发，活力四射，直到上岸都依然活蹦乱跳。鲇鱼吃掉的只有一些老弱病残，而老弱病残是卖不出好价钱的，吃了也不可惜。

这就是鲇鱼效应，即在压力面前，人的战斗模式才会被激活，技能才会快速升级，敌人才会一个接一个被完败，也就是说，安乐令人退化，忧患令人强大。

现代社会也是一样，走得太舒服的路，都是下坡路；活得最舒服的人，都是碌碌无为的人。生活得顺风顺水，人便会失去危机感、安于现状、心智停顿、技能退化，无法应对任何大变革。

有些人说：我也想努力，但我发现，越努力，越焦虑。

如果你有目标，也有不达目标誓不罢休的劲头，那么，焦虑就是你的影子，你摆脱不了。因为，攻下这个难题，又会迎来下一个挑战。挑战生生不息，焦虑无可避免。既然如此，不如和它交个朋友。让压力转为动力，成为你的无敌法器。

有时候很想偷懒，而偷懒的借口，只要你想找，总是有的。但是，只要一停，焦虑感就爆棚，令你不得安生。这也就是许多朋友说"其实吧，工作比赋闲更令人踏实"的原因。

在这种动因之下，人就会一直在路上，边走边看，边收获边成长。

岁月从不静好，现世从不安稳，如果你一直顺风顺水，这只能证明有人在替你负重前行，但被呵护与照料，代价也是惨重的。你会失去命运的主动权，说到底，所有的桥梁，都得自己过去；所有的路途，都得自己穿行。

所谓"无忧无虑的生活"，早已被命运在暗中标好了巨额价码，在未来的某一天，你会惊讶地发现：这是一场提前消费，而你的余生，都将以沉重的代价，为它支付本金＋利息。

焦虑没那么可怕。身心掏空，也许定位没准；急功近利，也许心态跑偏；假性勤奋，也许方法有误。越是渴望摆脱焦虑的你，越要学会与焦虑共存。适度了，它能当催化剂；过度了，它就成定时炸弹。

祝你我的焦虑，都刚刚好。

不想讨人喜欢，
只想做个迷人的坏蛋

03

▶ 有的人总认为你不能干这、不能干那；

▶ 有的人总说你不够优秀、不够强健、不够天赋；

▶ 他们还说你身高不行、体重不行、体质不行，不会有所作为。

▶ 他们总说你不行，在你的一生中，他们会成千上万次坚定地说你不行，

▶ 除非你证明自己能行！

为了"也许有用"的社交，
浪费了多少鬼斧神工的孤独

你总害怕自己与众不同，假如你和每个人都一样，得庸俗成什么样？俄罗斯方块早就道明一切了，如果太合群，就会消失。

▶ 01

有位朋友叫 Chloe，年纪轻轻就在一家外企的重要部门做到了经理职位，是大家眼中的"女强人"。虽然地位和收入都远超同龄人，但 Chloe 在公司过得并不开心，因为她感觉很孤独。

同事们根据性格、爱好组成了各种各样的小圈子，但都与她绝缘。中午去食堂吃饭，大多数情况下其他人成群结队，而她永远是一个人。

"一开始我真挺郁闷的，觉得自己太差劲了。"一次吃饭 Chloe 跟我说，"但后来彻底明白了，事实可能并非如此。"

说起 Chloe 被孤立的原因非常搞笑：原来的经理跳槽后，上面的高层让所有员工竞聘这个岗位，结果除了她之外没有一个人提出申请。结果 Chloe 理所当然地升职了——一方面因为她的勇气，另一方面也因为工作确实出色。

可其他同事并不这么想，枪打出头鸟这种事即便在外企也很常见。公司里有一个不成文的规矩，只要大家都默契地沉默，最后"资历最深"的老员工便能顺理成章地补位——没想到这次却被 Chloe"截胡"了。

在一个大部分人都追求平庸的环境里，保持平庸无疑是"最安全"的做法，追求上进反而不被鼓励。倘若因为这样而放弃努力，最终埋单的还是自己。

又过了两年，表现突出的 Chloe 又升了一级，周围的同事反而没怎么说话了，因为差距已经拉大到连嫉妒的勇气都没有了。

曾有多少人为了所谓的不落单，努力地合着群。为什么越来越多的人开始热衷"独处"了呢？因为，努力讨好别人的嘴脸，真的很廉价；努力合群的样子，真的不漂亮。你要敢于做自己，有自己的想法，活成自己喜欢的样子。否则，只能自己受罪。

以前在网上看到一个姑娘的吐槽帖：本来胃有点不舒服，想喝点粥之类的，结果中午同事们都点了麻辣烫。想到一个人去吃饭就觉得尴尬，于是只好跟他们点了一样的，结果现在胃难受到要吃药……

你明明不喜欢读某个作家的小说，可是其他人都说好看，你就硬着头皮读完还装作一副很享受的样子；你本来不想喝咖啡，可办公室其他人都点了，于是你也跟着一起点；你明明不愿意参加那种无聊的联谊会，但又怕一个人在家孤独，只好忍受联谊会的无聊。

保罗·柯艾略说："很奇怪，我们不屑与他人为伍，却害怕自己与众不同。"

你不是非要做那个填空的人。那些场合上的沉默，某个人某个时期的寂寞，并不是因你产生，你也无须对此负责。冷场就让它冷，尴尬就由它尴尬。

如果你总习惯去为别的事、别的人画圆，就不会发现自己内心同样有许多细小的裂痕需要修补。

不要因为孤独就去找一些不适合自己的娱乐方式，迎合一些不属于自己的群体，爱一些唾手可得的人；不要做廉价的自己，不要随意去付出，不要一厢情愿去迎合别人。

一个人活着要努力修炼出五样东西：扬在脸上的自信、长在心底的善良、融进血里的骨气、如春风拂面的温柔、刻进生命的坚强。恰恰是努力做自己时，你身上那股特立独行的劲儿才真正招人喜欢。

▶ 02

有一次在微博上看到一句话："俄罗斯方块教会我们，如果你合群，就会消失。"

眼前仿佛落下各种形状的彩色方块，被摆放得整整齐齐，彼此之间密不透风，每当一整行的缺口被补完，方块之间你中有我，我中有你，忽然就消失了。

有时候，生活就是一场刺激的消除游戏，而每个人就如同一个一个小方块，都希望融入集体，找到共鸣，感受那种左右相伴的温暖。可当你和所有人一样的时候，却忽然找不到自己了。

人与人之间还是需要一些空隙的。

这条关于"俄罗斯方块哲学"的微博是 Emma 最近转发的，大半夜发这种东西，肯定有问题。

Emma 是朋友的妹妹，平时总参加我们的聚会，就认识了。她现在上大学，最近常常睡不好，上课也老走神，生活并没有遇到什么大的困难，道路平坦，方向明确，只是一颗有些磨脚的小石子卡在鞋中，走得不自在。这个小麻烦偏偏不是别人，是来自每天朝夕相处的室友。

Emma 的寝室一共有四个人，其中有一个女孩找到了工作，但是离学校太远，就不经常回来住。剩下三个人朝夕相伴，相处也很愉快。性格合得来，喜好也都很相近，常常一起宅在寝室看剧，一起复习，一起讨论功课。

有这么合得来的室友，Emma 觉得自己无比幸运。看到网上那么多相互撕逼痛斥室友的，真的无法理解。

大家一起生活了一年多，不曾出过矛盾，可是到了大二，生活一下子忙起来，Emma 觉得有些地方不对劲了。

大一的时候自己好像没有什么特别的想法，就是好好学习，完成作业，偶尔和室友到处走走，因此生活也没有什么不同。

到了大二，Emma 在学生会处于中坚力量，越发忙碌，和两个室友的生活节奏开始变得不一样了。除了一起上课，没有太多时间陪她们了。

最近让 Emma 茶饭不思的事情其实很小，那天她忙完了学生会的工作回到寝室，两个室友正聊得欢快。打了个招呼，Emma 疲惫地躺在床上一边玩手机一边听她们聊天，聊的是她没有时间看的那部电视剧。

一直一直听，忽然心生一丝悲凉：她们聊了一个多小时，都没有来问问我，难道……是在冷落我吗？

她有些刻意地找了一个机会插话："对了，现在播到第几集了？"其中一个室友停下来，漫不经心地说："播到第几集又怎么样？你又没看，你还是忙你的学生会事业吧！"语气里充满了不耐烦。

室友对她每天忙于学生会里的事，而忽略了她们之间的小友谊，一直略有微词。好像在她的逻辑里：你不和我们一起玩耍就意味着不和我们要好了，你不和我们要好了，这段友谊也就差不多要byebye 了。

女生们常常会因为这样那样的小事"吃醋"，本来能够被人在意是好事，可是 Emma 觉得这段关系让她好累："我以前很怕一个人，害怕在集体中被落下，可是现在忽然发现，如果融入一个集体却再也出不来，那种感觉更可怕。我究竟是应该逃离出来做自己想做的，还是应该和她们一起常规地生活下去呢？"

▶ O3

我们常常被教育：要和周围人搞好关系，要合群，选择大家选择的就是对的。可是如果有一天，你忽然发现自己想去别的队伍看看，你是否有勇气大声说出你的决定，你是否敢于从现有的队伍中走出来？

很多人其实根本不知道自己喜欢什么，觉得别人做什么自己也跟着做准没错。随着尝试的东西越来越多，开始真正地意识到自己的兴趣所在，于是渴望改变，渴望新的尝试，却苦于一些相处状态的惯性。

你害怕的不是挑战自己，而是面对周围人的态度，因为有人可能会说："你竟然和我们不一样了，你太不合群了。"

当你开始举棋不定的时候，恰恰是一些人慌张的开始，因为他们意识到这个稳定的状态好像要瓦解了，你我本来是差不多的，忽然变得有了落差，有了不同的状态。他们很害怕，于是否决你的改变。

真正关心你的人，欣喜于你的改变，真正适合你的圈子，能理解你的不合群。其实你不是不合群，而是没有遇见对的群，或者说，你和周围人的关系还有待磨合，没有达到合适的状态。

给彼此的生活留些缝隙，会活得更加舒服。

很多人不是孤僻，而是有原则、有选择地社交。和喜欢的人千言万语，和其他的人一字不提。

最开始，你追寻的是一种认同感，后来，当你的认同感得到满足之后，反而开始期待一种个性。很多人纠结其中，处理不好两者之间的关系。

选择一个合适的朋友有时候比选择一个贴心的恋人更难，因为你不能简单地用爱去维持，还要会理智地解决问题。朋友，是陪伴的理由，却不是陪伴的借口。如果你恰好拥有，应该感谢，而不是觉得理所应当。

对自己自私一点，对他人宽容一些。保持独立思考的能力，不随波逐流，同时给予对方必要的关心，尊重对方的选择。保持必要的付出，为了相似的目标而努力，才能在一个频率里。

太多人把合群与独处这两种人际交往的状态过于极端化，好像非黑即白，非此即彼。更有甚者，为孤独冠以"光荣"的含义，仿佛合群就是一群无力无梦之人的选择。

合群和独处，都是一种暂时的选择，而不是绝对的规则，你没必要急于回归阵营。真正合适的圈子是能够包容的，能够接受各自的不同和选择，大家的友谊建立在相互补充和理解之上，而不仅仅是看起来一致。

合群又独处，是最舒服的。一个人待着的时候，不需要和任何人解释，但是与一群人在一起的时候，就不得不有所退让和互动。合适的朋友，能够相互理解相互包容。

别让自己被一段段关系绑架了，亲密又保持一定的距离，这样很好。要是所有人都理解你，你得普通成什么样啊。

不要去追一匹马，用追马的时间种草，待到春暖花开时，自会有大批骏马驰骋在你的草场；不去刻意巴结哪一个人，完善自己，待到时机成熟时，会有一大批朋友任你选择。用人情做出来的朋友只是暂时的，用人格和心意吸引来的朋友才能长久。

所以，丰富自己，比取悦他人要有力量得多。

不努力还什么都想要，

那你咋不上天呢？

既然当初选择了安逸懒惰，那就好好承受今天所遭遇的平庸艰难；若是心中仍有不甘，那就从现在起发奋图强。世界就是这么公平，若是一边继续保持懒惰安乐，一边又期望自己未来功成名就，觉得世界应该偏爱自己，那你咋不上天呢？

▶ 01

每天晚上都想着早上起来去喝杯热腾腾的豆浆，早餐一定要丰富，抽时间去看看书，然后……一天的生活安排得满满当当，然后就特别满足地睡下了。

第二天起来，闹钟关了一遍又一遍，从7点拖到了7点半，8点，直到外面的早点铺收了摊，想着算了不吃了吧，中午吃完饭再看一会书吧，可想而知，昨晚定了那么多计划，只有吃饭这一项，是不太准时地完成了，其余的反正还有明天呢。

计划得很美好，一点一点精细到分钟，但是也是一分钟一分钟地全部浪费掉。总是间歇性热血满腔，长时间迷茫犯懒。其实你很强，只是懒惰帮了你倒忙。

懒病一发作，什么决心都抵挡不住，设想的美好未来，都直接被挡在了门外。

年中公司在搞各项总结，大家都忙得手忙脚乱的，因为很多资料没有按时记录，现在要补上去，反而要花更多时间去回忆，还要花精力翻资料。

当然，我也是其中的一员，虽然刚毕业的时候，自己工作起来每天都像打了鸡血一样，今日事今日毕，但几年磨下来，还是慢慢偷起了懒。这不，关键时候就把自己坑了。

你一定也有过这种体验，看着朋友圈里别人在晒做得精致的晚餐，下面的评论一片赞誉。关键是连心仪许久的男神都对她赞不绝口，突然就有一种羡慕嫉妒之情涌上心头，然后变为阵阵悔意。

想想自己也老大不小了，居然连下个面都掌握不了火候，不是没试着做，只是做着做着不知道怎么就放弃了，不然现在能和男神互动的就是自己了。

因为偷懒而悔不当初的事太多了，你有没有想过，现在偷的每一个懒，都可能是给自己未来挖的坑。

生活中有很多机会都是因为偷懒而错失了。有很多美景也因为自己的一时偷懒而一再错过，有多少人把"说走就走"的口号挂在嘴边，最终哪也没去，除了时间上排不开，和偷懒也有不少关系。

我有一个朋友 Mia，每天都会关注旅行的消息，朋友圈里，哪个同学去了大理，哪个朋友去了香港，或者谁谁又去了欧洲，她都会羡慕不已。

然后又会抱怨自己时间不够，金钱有限，天天就眼巴巴地看着铺天盖地的消息，顺带着无尽的渴望与羡慕。

可是有一天，一时脑热，想着有钱有闲了，准备来这边看我，顺便旅行，我当然高兴啊。

我隔三岔五就问她："你什么时候过来，你都准备好了吗？我这边都打点好了。"

她总是说："还没呢，不想提前计划，就想说走就走。"

后来我又问她："都说了快一年了，你到底什么时候来？"

一改之前的眉飞色舞，她立刻忧虑起来，向我抱怨道："你不知道，旅行好麻烦的，又要准备这个，又要准备那个，还要看看攻略，想想就很费神。要是能有人帮我打点好一切，只要拎起行李出发就好了！"

好吧，我在心里默叹：其实你还是想偷懒，估计明年你也来不了。

最可怕的不是没有上进心，而是永远藕断丝连地同情自己。心里是冲劲十足有毅力，可到了实践这方面却变成了：手机离身就不能活，早晨也是按掉闹钟继续睡，所有的书籍都在桌子上积灰，每次吃完之后才想到要减肥。不怕这个世界对你残忍，怕的是对自己的放纵。

▶ 02

有时候，那些看起来傻傻勤奋的人反而更容易成功，因为他只要开始了就会一往直前，心无旁骛，而不是左顾右盼，时不时萌生偷懒的念头。

很多人在结果揭晓的那一刻，总会愤愤不平，为什么不是我？或是感慨，我本可以……人生最后悔的事情，就是我本可以。

周末，终于抽出时间整理书架了，突然发现几本高中的英语工具书，无数次整理书架，居然还有几条漏网之鱼。看着这几本书一时百感交集，原来看了那么多工具书，依然没有学好英语。

高中时，同桌是英语课代表，我的英语很烂。总觉得英语学得差，是没掌握方法，一定有一本神书，可以开启英语神奇之旅。

所以，同桌背单词的时候，我在研究快速记忆法；同桌背课文的时候，我在研究怎么记单词最省力；同桌背句型的时候，我在研究学英语的创新方法。后来，同桌去了名牌大学专攻外语，我上了一所普通大学，英语还是很烂。

我曾经认真跟同桌探讨，到底有没有省时又省力的方法来提升英语。

她也认真地回答我："功夫到了，一通百通，可能就是你说的方法；功夫不到，找方法是浪费生命。"

有些事情，的确有捷径和新方法，比如餐厅爆满的时候，别人在等位，你眼尖看到一个空位就坐了。这是小聪明，小聪明用在小事上。但关系到事业、家庭的大事，偷懒的，往往就走了弯路，绕一圈回来，还得老老实实地以毅力加持天分，用勤奋延续好运。

比如关于减肥这个老大难的问题，虽然微信公众号里关注了 N 个健身教程，健身卡也办了一年多了，呼啦圈、哑铃等配套器材都快买全了，然而从去年开始嚷着要减肥的自己依然还在微胖界徘徊。

每一次看别人变瘦了、变美了，受了刺激，都会信誓旦旦要把身上的肥肉都减掉，但多是三天打鱼，两天晒网，原因比如天气不好不去健身了；上班太累了给自己放一天假；难得爸爸烧了爱吃的菜，今晚多吃一碗吧……像这样的理由层出不穷，其实都是自己在给偷懒找借口。

最近听说朋友 Nana 报了一个健身私教班，一个月腰围减了七厘米，我决定跟她一起去见识一下。

健身是最残酷的事业，想要减肥不反弹，绝对不能偷懒。可是，人的天性中就有妄想的基因，所以我很好奇 Nana 的教练到底有多神奇，可以让比我还懒的 Nana 成功瘦身，结果，却收获了满满的失望。

本以为教练掌握了独门秘籍，结果发现他只是耿直：只招"听话"的学员。晚上十一点之前必须睡觉，低卡低脂饮食，每周至少上三次课，每次至少两小时，做不到就不必报这个班。

当时，我的内心是大写的问号，如果我能做到这些，为什么还要你教？我不偷懒，每天坚持的话，在家门口的健身房也会有一样的效果。

这件事之后，我开始反思，时间是最公平的，对谁而言，一天都是二十四小时，选择偷懒蜷缩在舒适区，还是勤奋耕耘挥洒汗水，主动权在自己手里。

想减肥，想去旅行，想跟男神约会。你说，我真的很想很想啊，只是做不到。其实，你没做到，就是因为懒。

如果这件事真的触及你的灵魂，你肯定能做到。不管这个愿望看起来多么不切实际，你都能做到。试着去对抗你的本能，看一本枯燥但有价值的书，花一小时去健身，吃有营养但不怎么美味的食物，让更健康的生活方式成为你的习惯。

▶ O3

每一个项目的开始、一次谈判的前端、一个方案的最初，你总是端着小心、积极努力，处处恨不能尽善尽美。可是后米，累了、乏了、困了、倦了……

于是抱着侥幸、得过且过的心理，而懒于再提炼一次，疏于再细化一遍，疲于再攻坚一轮，以至于这项工作，最终乏善可陈，只能草草收场。

之后，却又以同样全力以赴的姿态，忙于一项新的工作……如此循环。

不是耸人听闻，人真的可能就这样一天天把自己荒废掉。你会抱怨，是因为你没有尽力。可怕的是，人有时候，一边痛恨着虚度的感觉，一边又似乎莫名地迷恋着它。因为它很随意，很舒服。如果你任由自己拖延和虚度，只能说明你对生活没有尽全力。你没有认真地对待自己。

难怪你总是在努力，却又总是没成绩。或者你一直在"舍近求远"，不断开拓着新的领域，却偏偏总在临门一脚时，松懈了。

如果凡事都像开始时那样谨慎地做到最终，则事事可成。千万人的失败，都失败在做事不彻底。很多人费劲九牛二虎之力，不过还差那么一步，却终止不做了。

正是如此，拉开了人与人之间的段位与距离。

你渴望成功，但当面临成功时却总伴随着心理迷茫；你自信，但同时又自卑；你尊重取得成功的人，但面对自己的成功，又总想偷偷懒，得过且过；你既害怕自己最低的可能状态，又害怕自己最高的可能状态。简单地说，就是不敢面对自己的成长，习惯了偷懒，就会忘记自己努力时的样子。

很多时候，你总觉得只有一切都完美了，才是行动最好的时间，可是真的万事俱备了，你就又退缩了。

你不是没准备好，只是偷懒的毛病恰好犯了，又以为自己没有打败它的准备。它就像小怪兽，你不去主动打败它，你就只能活在它的控制下。它不仅浪费了你的时间，还消磨了你的热情，你却不自知，还生活在完美主义的欣赏中。

当有一天，你陷入了饥荒中，只能自己去找食物才能活下去，如果这时候你都懒得动，你就只有等死了。立足于当下才是对生活最好的回应，你自己都不主动治好自己的懒，谁能救得了你。

年轻的时候是人生的储备期，就好像是四季里的春天，本就是该播种的季节，你却因为贪玩错过了，那春去秋来，等别人在秋天收获时，你又能收获些什么呢？

路是自己为自己铺的，坑也是自己给自己挖的。你在偷懒的时候，别人都在努力地给自己铺路。

因为偷懒而导致失败的时候，你经常叹息运气太差。可是，生活不是博彩，运气从来不是大哥，每一个好运的人，都是在简单的道路上奋力前行的人。

你与传奇之间，隔的不是运气而是勤奋。把一件简单的事做到一百分，一次是小事，一百次就是大事，一千次可能就是传奇。你看到的是别人的第一千次，所以误解有一条路，能从零直接跨越到一千，大部分传奇就是这么来的。

没有什么路是白走的，没有什么事情是白做的，很多看似没什么用的事情，其实都是成长的基石。如果不想坐在坑里哭，感叹时运不济，那年轻时候就少偷一点懒，再勤奋一点，时间会给你想要的答案。

不想讨人喜欢，
只想做个迷人的坏蛋

不管你用什么方式活着，人生只有一个目的，别违心，以及别后悔，还有，去他的人言可畏。

▶ 01

好朋友 Diane 跑来向我诉苦，最近被小区里的阿姨们弄得心烦意乱。本来工作那么忙的 Diane 是见不到她们的，正好赶上休年假，就想在家休息一下，没想到，被阿姨们言语轰炸得想立刻上班。

这些阿姨，很多都是从小生活在农村，识字不多，但依旧可以过着正常的日子，所以她们觉得读书无用，尤其女孩子，读那么多书干什么，反正也是要嫁人的。

每次见到早出晚归的 Diane，都苦口婆心地劝她找个人嫁了吧，结婚后在家相夫教子的多好，何必起早贪黑地拼命工作。

我笑着劝她下次见到阿姨们绕路走。

Diane 无比苦恼地说："阿姨们总是神通广大，无论我去哪里，都能被她们撞见。那天，我躲在角落里跳绳，阿姨们又来关心我，当她们一听到我跳绳的目的是为了减肥，就指指点点，说在她们生活的年代里，能吃饱就已经很不错了，哪有人想着减肥。我真的没法跟她们解释清楚，只好假装跳完回家了。"

我能理解 Diane 的心情，因为这已经是她近期第二次被轰炸了。上周，Diane 去参加高中毕业十周年聚会。

"好久没见了，你结婚了吧？"

"还没呢。"

"哦，那一定是在谈恋爱吧，男朋友是什么样的人啊？很帅吧。"

"还没有男朋友呢。"

"是吗？你这么优秀怎么还没有男朋友呢？上学的时候你眼光就高，没想到现在还这么挑剔。你可千万别到最后嫁不出去了啊。"

"……"

"你看那个 xxx，人家都已经生二胎了。你说你啊，真该抓紧了啊。

咱们都是老同学了，真替你着急。"

"……"

老同学多年未见，你一言我一语，相谈甚欢。万万没想到，冷不防的一句"你结婚了吧？"让原本其乐融融的画风立马崩溃。看着大家满是尴尬又略带同情的表情，Diane 表面呵呵呵地笑，心中早已万马奔腾。

不知道为什么，有的人结了婚、生了孩子之后，会变得格外现实，感情成了生活中可有可无的调剂品，谈谈情说说爱成了一件特别奢侈的事。能把生活过成诗的人太少，大多数人都把生活过成了柴米油盐。更可笑的是，他们将就着还不满足，非要把别人拉下水。

Diane 很后悔，早知如此就不该赴会。那些所谓的老同学一个个都盼着单身的自己过得凄惨无比，然后悻悻地去过和他们一样的婚姻生活。

可实际上，Diane 现在过得很舒坦啊：年纪轻轻就有房有车，做着心仪的工作，拎上行李箱就能到世界各地去旅行，走路到街口的酒吧就能喝酒、看帅哥，可以一个人看书、看电影，也能约上三两好友一起 shopping。Diane 爱极了这种自由自在的感觉。

生活中，像 Diane 一样苦恼的人绝不在少数。总会有这么一群人，他们喜欢凭着自己的眼界，来对身边发生的事进行评论，指指点点。他们把自己过去的经历，套用在现在千变万化的世界里，对你的生活指指点点。

他们并非恶意，但是，他们的指指点点却让你很难受，说得多了，会让你产生一种错觉，好像你的生活被否定了，努力奋斗也变得毫无意义。

也许你在意的未必是别人对你的看法，而是你心底不愿道破不敢面对的软肋和弱点被旁人一语拆穿，你无法面对内心最真实的自己。如果能够接受本我，其实别人说什么都无所谓了。

▶ O2

很多时候，比起物质上的满足，人更重视精神上的肯定。就像是幼儿园的时候，渴望老师奖励的小红花；上初中的时候，渴望来自父母的肯定；来到高中，渴望来自同学的认可，你永远期待着来自他人的肯定与赞美。

为了这种赞美与肯定，你也付出了很多。

可曾记得，桌角边发黄的情书，还有那些早已过时的游戏机；可曾记得，手机里的贪吃蛇，堆积如山的旧短信。

可曾记得，那个喜欢裙子的她，又或者是那个笑起来很阳光的他？如果还记得，那么问问自己，面对这些回忆，真的没有遗憾吗？

你肯定很想回到过去重新来过。可是，就算给你机会重来，你也没办法把握。

就像是小时候，不能和小伙伴出去玩，是因为妈妈会训斥你贪玩；上学的时候，你没时间去看喜欢的小说，或者和朋友谈天说地，是因为父母会说你不成器；情窦初开的时候，你不敢去牵起对方的手，是因为会被父母训斥不务正业。

可能你会说，那是因为小时候没有独立，所以必须听父母、老师的话，可是现在自己独立了，肯定不会再受到这样的影响了。

可是我想告诉你，即便是现在，你还是会像从前一样在乎他人对你的评价。

世界上总有这么一群人，他们让你感到不舒服，而你却选择了默默忍受他们带来的麻烦。

当你满腔热血去做一件事的时候，有些人总喜欢给你泼冷水，他们泼冷水时，不担心你会感冒的，但是碍于情面，你只能选择忍气吞声。

当你满腔热血去做一件事的时候，有些人总喜欢踹你一脚，他们出脚的时候，不担心你会痛的，你只能默默擦干眼泪。

当你满腔热血去做一件事的时候，有些人总喜欢对你指手画脚，并不会担心这样子会不会对你产生误导，你想发火，又无言以对。

但你想过吗？造成这些问题的本质，就是因为太在意别人对你的评价，以至于你根本不敢拒绝。

在这个声势浩大的世界里，孤军奋战真的不是一件容易的事，也没必要把见到的一切包装成完美岁月去证明给谁看。快乐和悲伤存在现实里，无论看多少次手机收集多少赞美，它们也一直都在，不多也不少。

时间只负责流动，而不负责你的成长。很多时候，太在意别人对自己的看法，往往就是因为自己从未真正强大起来。

真正的强大是一种不依附任何评价的坚定。你喜欢自己，不需要任何人来赏赐一个廉价的赞。大家的评论不能代表你的生活，滤镜后的样子也不能代表你的生活，你脚下的路，回忆里的过往，才是真正的你。

人生没有什么事情是给别人做的。工作不是为了老板，是为了自己长本事赚钱。变美不是为了另一半，是为了自己嘚瑟摇摆。所有的努力都是你自己的选择，所有的荣耀和耻辱、成长和眼泪都是自己来担。

▶ 03

有时候，生活看起来那么令人沮丧，是因为你总是太在意别人的言论，不敢做自己喜欢的事，追求自己爱的人，害怕淹没在飞短流长之中。

其实没有人真的在乎你在想什么，不要过高估量自己在他人心目中的地位。被别人议论甚至误解都没什么，谁人不被别人说？谁人背后不说人？你生活在别人的眼神里，就会迷失在自己的心路上。

人生在世，总有人看不惯你的所作所为，总会给你泼冷水。你拼命努力，别人会说你努力了也没什么用；你打扮得光鲜亮丽，别人会说你虚荣、炫富；你沉默不语，默默学习，别人会说你装深沉；你独自一人行走，别人会说你不合群、没朋友。不管你做得好不好，都有人对你指指点点，冷嘲热讽。

从小到大，身边都有这样的人在你的世界里指点江山。

你瘦的时候他们劝你多吃点，你胖的时候他们会劝你减肥；你没结婚催着你赶快找对象，要结婚的时候又说你可以找个条件更好的；你以为结了婚就可以让他们闭嘴了，他们又开始劝你生孩子……

他们的人生未必比你成功，经验未必比你丰富，他们并不是真的想指点你走向正确的人生道路。他们只不过是喜欢唱反调而已，这样可以让他们显得有思想有主见，很有存在感。

或者更恶毒一点，他们喜欢看你行差踏错、悔不当初的样子。这样他们就可以摆出一副先知的样子，痛心疾首地对你说："看吧，谁叫你当初不听我的！"

假如你未能如他们所愿，在我行我素的道路上过得风生水起，他们也未必会真的为你高兴。

要知道，如果你一直是个异类，不管你的生活过得多么滋润，他们也是不会相信的。他们要么费尽口舌地把你同化，要么酸溜溜地在背后议论你人前风光，人后必然沧桑。

无论你多么努力地让自己做到完美，始终会有一群人在背地里指着你的背影比比画画。你不需要跟谁对骂或者抽谁一嘴巴，他们未必是坏人，只是看不懂你的活法。

别太理会人家背后怎么说你，因为那些比你强的人，根本懒得提起你。诋毁，本身就是一种仰望。

只有你活得漂亮，别人才没办法对你的人生指指点点。所以，别为了那些不属于你的观众，去演绎不擅长的人生。

小时候我们总怕别人不喜欢自己，拼命迎合讨好，被人误会恨不得抓着对方衣领解释三天三夜，现在越活越心大：不喜欢就不喜欢呗，大路朝天各走一边，我这么可爱有趣，好同情你不能跟我做朋友。

你愿意胖就胖，愿意减肥就减肥，想找对象就找，不想就单着。你愿意怎样过日子是你的自由，对于那些在你背后指指点点的人，你可以理直气壮地告诉他们："Shut up！"

你那么害怕失败，
应该很自卑吧

一个人，一辈子不做任何尝试，不做任何冒险的事，也不为任何事情努力，就永远都不会失败，他都没有资格遭遇失败。失败并不可怕，可怕的是你还相信这句话。

▶ 01

顾城说："你不愿意种花，你说，我不愿看见它一点点凋落。是的，为了避免结束，你避免了一切开始。"

每次看到顾城这句话，我都会想起小秋，想起她哭泣的样子。那些年，为了避免结束，她拒绝了太多的开始。

小秋是一个很自卑的人。她害怕去挑战未知，害怕面对不熟悉的事物，害怕独自体会失败。所以，很长的时间里，她都像柔弱的小猫一样，蜷缩在自己的世界里，贪图着安逸，维持着那份安全感。

高考那年，她发挥失常，成绩比平时低了几十分。这样的结果，她并不甘心，可在面临复读与否的问题时，她拒绝了复读。

她故作轻松地对身边的人说："没关系，读哪所大学都一样，现在找工作又不是只看毕业院校的名气。"

大家都以为她看开了，其实，她私底下哭了好几次，为自己的失败和懦弱流泪。她害怕复读之后，再次发挥失常。

后来，她义无反顾地去了不熟悉的远方，读了一所不知名的大学，一个不喜欢的专业。填报志愿的时候，不少人都疑惑："你那么喜欢法语，为什么不报法语专业？"

她说："外语现在已经不那么火了，读不读都无所谓的，学其他专业的同时，也能自学外语。"

这样的解释，听起来也没什么不对，可谁也不知道，她其实是害怕失败。语言专业必须得通过口语测试，如果没通过，那么别人会怎么看她，她怕丢人。

因为害怕失败，她心中设想的未来越来越模糊。

二十二岁，她再一次选择了逃避。这一次的逃避，给她留下了难以弥补的遗憾。

她喜欢上了同年级的一个男孩，男孩性格开朗，有理想有抱负，从大一开始就给自己未来的人生做了规划。他身上散发出的正能量感染了她，让她有一种想要变得更好的渴望。

可是，她不敢说出那一句喜欢，怕自己不够漂亮，配不上高大帅气的他；怕自己家境平平，无法融入他那优越的家庭。她想等变得足够优秀时，再表白自己的心声。

有时候错过一时，便错过了一世。爱情，当时没有抓住，过后就只能后悔，没有谁会一直在原地等你。当她毕业后，有了光鲜体面的工作，觉得自己足够优秀时，他已经心有所属，找到了真爱。

她嘲笑自己的懦弱和傻气，现在的自己，虽已比过去优秀，可输了他，赢了全世界又如何？

随着年龄渐长，她突然发现，在过往的岁月里，错失了太多想得到而不敢去争取的人和事，人生留下了太多的懊悔。

无数次，她问自己，还没努力过，怎么就准备放弃了？其实，她就是害怕失败。

因为害怕，所以逃避；因为逃避，所以失去。或许，是违背心愿做了自己不想做的事；或许，是隐藏了深埋在心底的感情错过了最爱的人；或许，是畏惧改变而得过且过放纵了生活……

待回头看，生活已经完全走样，当年出发时的起点，已经与现在不在同一条轨道上，这一切是什么时候转变的，竟然毫无知觉。

人生最大的一种痛，不是失败，而是没有经历自己想要经历的一切。有些事尝试了，努力了，就算没有达到预期的结果，也可以坦然地说，真的尽力了。

不能因为害怕结束，就拒绝所有的开始，没有人会知道明天要面对的是什么。想要破茧成蝶，就得勇敢地尝试，每个人都是在尝试中成长的，绝无例外。

▶ 02

2016年最重要的事件之一就是里约奥运会，先有"游泳队清流中一股泥石流"傅园慧的一句"我已经用了洪荒之力了"，让观众们捧腹大笑；再有被对手诋毁的孙杨，终于在赛场上用实力证明谁才是真正的王者，结果夺得金牌后的孙杨，摘下泳帽想扔给观众，却不小心丢进泳池了，这让电视机前的观众哭笑不得；再之后中国女排低开高走，一路过关斩将终于登上了奥运最高领奖台，领奖时集体抖腿的可爱表现，更是让观众忍俊不禁。

这一幕幕"自得其乐"的小动作把原本紧张严肃的奥运比赛，调节得无比轻松。观众们也终于不再将全部的目光都聚焦于奖牌之上，转而关注起运动员们得奖背后的训练与生活。

于是看到了，傅园慧的洪荒之力背后，是训练时生不如死的累，一句"鬼知道我经历了什么"，让人感叹运动员训练的不易。

夺得冠军的孙杨，更是付出了许多，举国的期冀，伤病的困扰，比赛前对手的恶意诋毁，自身心理压力的纾解……在漫长的付出后，几十秒比赛后得到的结果反倒成了一个短暂的符号。

而激励了一代又一代国人的女排，在赛场上靠着顽强拼搏、不畏强敌的精神赢下每一场比赛，姑娘们一次次飞身鱼跃救球，一次次带伤比赛唤起了整个民族的骄傲。女排精神强大的感染力，始终是国人全力以赴的底气，也是我们有勇气笑看输赢的资本。

因此越来越多的人开始呼吁，希望人们在关注金牌的同时，也能看到并理解每一块奖牌背后的付出与辛苦。而这同样是奥运真正想要传递的精神，收获不取决于胜负结果，而是享受比赛中的全力以赴，留下一段难忘的人生经历。

经历是最主要的，因为冠军不止于奥运，更在生活里。生活的竞技场里，每个人都想成为冠军。但成为冠军，并不能一蹴而就。每一次冲刺之前，都要经历漫长的努力与蛰伏，甚至要经历无数次的失败。

那些在奥运会上取得奖牌的运动员，他们都有自己的低谷，也无数次面对过失败，但是他们没有放弃，没有遇到困难就退缩，所以一直坚持到了成功的一天。

只要把握住"勇气"与"魄力"，不惧畏未知的结果和在失败后选择越挫越勇，那么你就具备了成为"冠军"的必要条件。

世界上有很多事等着你去做，无论大事还是小事，你都要努力去做。假如你做不了太阳，就做一颗星星；假如你成不了一棵大树，就做一棵小树，要让自己茁壮成长。

只要你拼搏过、奋斗过、努力过，并对自己的付出无怨无悔，为自己的所爱释放出全部的洪荒之力，那你就是生活的冠军。

当你看见四十一岁高龄的老将丘索维金娜第七次站在奥运会的体操赛场上，再想想现在二十几岁的自己，又有什么理由不去努力。在她做出人生艰难的、重大的那个选择的时候，她也犹疑过、踟蹰过，但最终她说服了自己。

▶ 03

有的人遇到喜欢的人却没有勇气告白，于是对外宣称她太优秀太难追，我放弃了；有的人梦想做明星，一方面羡慕别人星光闪耀，一方面又告诉自己，做明星有什么好，那么累还要应付潜规则，我才不要做明星呢；有的人想去创业，琢磨了好久还没开始，恰好看到别人创业过度劳累，导致疾病缠身的新闻，于是劝自己，别熬夜，别太累，别和健康开玩笑，然后理所当然地结束了自己短暂的创业路。

说实话，你都还没踏踏实实付出过，甚至连直面梦想的勇气都没有，就别跟着别人瞎起哄了。有想法却不敢去做，还给自己找好了台阶下，光这点你就输了。只说不做的人，永远过不上想要的生活。

电影《大鱼海棠》里有一句话：人生是一场旅程。我们经历了几次轮回，才换来这个旅程。而这个旅程很短，因此不妨大胆一些，不妨大胆一些去爱一个人，去攀一座山，去追一个梦……有很多事我都不明白。但我相信一件事，上天让我们来到这个世上，就是为了让我们创造奇迹。

是的，生命只有一次，大胆去做想做的事，看想看的风景，追求喜欢的人，过你想过的生活。不要害怕失败，也不要以此来逃避梦想。因为，没努力过的人，还没资格谈放弃。

二十几岁就害怕一无所有，丧失了勇气是可悲的。事实上这不过是整个人生的一个小小的开始，这只是人生的三分之一，后面还有几十年要过。

不要过早地放弃梦想，现在决定生活常态真的为时过早。如果你不努力，一年后的你还是原来的你，只是老了一岁。没有什么好害怕的，不管多少岁，你都要努力成为自己喜欢的那种人。

四十岁的时候，你会感谢那个二十岁的努力的自己；六十岁的时候，你会感谢那个四十岁的努力的自己；八十岁的时候，你会感谢那个六十岁的努力的自己。

记住一句话：种树的最佳时间是二十五年前，仅次于它的最佳时间是现在。

虽然理想往往经不起现实的推敲，但"往往"并不代表"全部"，不努力、不敢想，你又该如何成为除却"往往"之外的"少数"？

人只要对一件事情充满热情，就没有什么可以阻挡他。如果想学一门语言，哪怕你不再是学生也没关系；如果想学音乐，哪怕你不再年轻也没关系。

很多朋友说："我想做，但我害怕。"

告诉你方法：做着做着你就不怕了。曾经害怕举手发言，畏惧上台演讲……可一旦一咬牙硬着头皮顶上去时，你会发现那不过是米粒大点儿的事。

曾听一些长辈讲述过去，他们常以"如果当初我做了什么"的句式开头。有时甚至将过失推脱于人，从而掩饰自己当初的胆怯。可是你能欺骗别人，但绝对逃不过生活公正的审判。

昨天你对喜爱的放弃，今天会让你追悔莫及。所以，别害怕所有坏结果，而影响你的判断和决心。害怕是一回事，做与不做又是另一回事。

又有人问："如果我失败了呢，岂不是赔了夫人又折兵？"

在这个世界上，没有人会因为努力过尝试过，最终失败了而后悔。相反，人生中只有没做过的事会让你遗憾。

"害怕"不能成为不作为的借口。如果你确定了那件事情是对你有益的，你确定那件事情是你想做的，那么，就带着担心，带着害怕，勇敢地往前走吧。

你必须蹚过那条习惯自我否定的河，才能到达彼岸，才能成长，才会有收获，才会变得更成熟、更优秀。

晚上哭完了，就去洗把脸。失败真不是什么大事，一个人的剧本，入戏再深，也是拿不到片酬的，换个片场，重新第二镜第一场，人生没那么幸运，开场就能拿到新人奖，但是，你可以试试影帝或影后。

一个人对自己没要求，
就没有资格对世界有要求

没有哪一种品质可以高枕无忧，也没有哪一种自我应该安于现状。年轻时，你可以靠透支身体，小聪明和老天给你的运气一直取巧地活着。然而真正能让你走远的，是自律、积极和勤奋。

▶ **01**

好友佩佩辞去工作三个月后，我敲响她家的门。

一声，两声，三声，本期待着一个快活的灵魂，却看见从门缝里探出这样一个人，差点吓了我一跳，蓬头垢面，衣着邋遢，两眼求救般地看着我，说："我想去上班……"

回想三个月前，她斩钉截铁地对我说："我要辞职了，朝九晚五

的工作快把我逼疯了，根本没有时间做自己想做的事，我也该自由
一下了。"

佩佩辞职前是公司白领，每天需七点起床，精心打扮，也要在
见客户的时候摆出微笑的表情，这一切在她看来都是束缚。辞职后
的她终于摆脱这些限制，还兴致勃勃地列出一张清单，写满自己一
直想做却没时间做的事，比如读书、健身、烘焙……

她充满期待地告诉我："想象着看见自己坐在房间温暖的一角，
喝着咖啡、读着书，阳光晒在肩膀上，那种景象，实在太美好了。"

可是三个月后，我走进她的房间，却看到这样一派景象：脏衣
服堆满了墙角，被子团在床中央，茶几上摆满未洗的咖啡杯，吃空
的饼干盒和咬了一半的巧克力散在地毯上……我要踮起脚尖走路，
才不会踩到地上一堆乱七八糟的东西，整个房间就像被强盗洗劫。

无须多问就知道这几个月的日子她怎样过，也能想象那些辞职
最初的美好计划是否落了空。她一身睡衣睡裤，言语绝望："我已经
胖了五公斤了。"

我脑海里突然冒出一句话："不懂得自律的人，怎么会自由！"

很多人都曾发誓，要改变自己，结果激情不过三秒，就又被现

实打回原形。因为这些人总是分不清什么是真正的自律，是自己约束自己，还是自己控制自己，而控制的又是思想还是行为？

关于自律，美国作家 M. 斯特克·派克在《少有人走的路》里面提到："所谓自律，是以积极而主动的态度，去解决人生痛苦的重要原则。"日本著名的设计师山本耀司曾说："我从来不相信什么懒洋洋的自由，我向往的自由是通过勤奋努力实现的更广阔的人生。"

在纷纷扰扰的世界，面对生活中亟待解决的事情，如果缺乏定力和远见，不懂得约束自己，生活的方向就很容易失控，以致随波逐流，迷失自己，成为受外在牵制的奴隶。

唯有自律的人，才能厘清生活中的细枝末节，让其各安其位，稳当妥帖，串联起井然有序又自在轻盈的人生。

自由虽好，但是缺乏约束的自由，不过是一匹脱缰的野马，面临的是万劫不复的深渊。

《克雷洛夫寓言》中，有一个关于马和骑师的故事。骑师驯了一匹好马，他认为给这样的马加上缰绳是多余的。有一天，他骑马出去时，就把马缰绳解除掉了。马在原野上飞跑，当它知道什么束缚也没有的时候，就越来越大胆了，一路狂奔，把骑师摔下马来。它一路向前冲，什么也看不见，最后冲下深谷，粉身碎骨。

由此看来，自由，肯定不是随心所欲，不是你想做什么就做什么。乔布斯说过："自由从何而来，从自信来，而自信则是从自律来，先学会克制自己，用严格的日程表控制生活，才能在这种自律中不断磨炼出自信来。"

只有拥有对事情的掌控能力，以及自律的精神，才能收获真正的自由。

▶ 02

严歌苓是著名的作家，每隔一两年，她的名字就会出现在畅销书榜或者改编的影视作品上。

她出书就像交作业一样规律，总会被问："你怎么能写那么多书？"

她说："我当过兵，对自己是有纪律要求的，当你懂得自律，那些困难都不算什么。"严歌苓说的自律，就是每天至少写作六小时，隔一天游泳一千米，几十年如一日。

看到她的生活日常，许多人都会感觉，这个工作量不过如此。可又有多少人敢说，自己能在选择一件事后，坚持做几十年呢？

有人问严歌苓，你写作这么久，不觉得痛苦吗？

她答："每次坐到书桌前，我都全身颤抖，痛苦到不行，但我必须这么做，只有写作，才能让我有存在感。"

人的存在感很大程度上源于你对自身生活的控制程度，当你对自己的生活感到无力控制时存在感就会下降。

对于成功者，自律已经融入血液和骨髓，成了身体和灵魂的一部分，一到时间，就自动开启自律模式，在痛苦的行进中不断超越自我，成就自我。

丁尼生曾说："自尊、自知、自制，只有这三者才能把自己引向最尊贵的王国。"也就是说，尊贵的人生，你可以自己去成就。换言之，你想活出什么样的人生，取决于自己对人生的掌控能力。

唯有懂得自律的人，才能形成自由行走世间的底气，成就你想要的人生。

我脑海里对于"自律"这个概念的认识最早是在初中。我家隔壁住着一家三口，丈夫每天出门上班，孩子就读附近小学，妻子做家庭主妇，负责打理生活。

那时我的观念里一直认为，"家庭主妇"这种职业即代表一种自由，在"煮饭"与"做家务"之余，可以用随意，甚至是散漫的态度生活，比如可以一整天素颜，穿睡衣，不用在家中注意举手投足，也无须有任何条条框框的限制，就像我很小的时候看到的母亲，姨妈，邻居阿姨们一样，不施粉黛，举止随意。

可我从没遇见过像她这么自律的家庭主妇，她每天早早起床，为丈夫和孩子准备早餐，送别家人后换上运动装，在小区里跑上一个小时。

回来后，洗过澡化好妆，一袭裙子光彩动人，下午则雷打不动地看上一个小时的书，一杯咖啡配一小份甜点，这习惯不会因任何事让步。

除此之外的时间里，她和其他的家庭主妇一样，跳进一个尽职尽责的角色里，去照顾丈夫和孩子。

我那时上学，每天都在盼望星期日，可以睡到自然醒，当然不理解她为何给自己的生活添进种种人为的约束，更不理解她为什么比我所有见过的家庭主妇更从容、更快乐、更优雅。

她从不在食量上放纵自己，也坚持运动，因此可以在婚姻七年中保持两位数的体重，又一直读书，从未和丈夫的世界脱轨，教育起孩子也温柔有方。更难得的是，她的神色从容，一双眼睛流露出发自内心的幸福和满足，那是即将步入中年的女人所能拥有的最珍贵的表情。

这和我心中的自由有出入，但我很快发现，我那种恣意妄为的的生活使我变得异常懒惰而不快。

自己的不快乐正是来自于这种空虚的"自由"里，它让我的生活不受控制地走着下坡路，限制了我想成为更好的人的能力，阻碍了我想获得的那种生活方式。

我突然觉得，只有自律带来的自由，才是真正的掌控自己生活的能力。记得很久前看过康德的一句话：所谓自由，不是随心所欲，而是自我主宰。而现在的我更加坚信，自律是一个人在年轻时可以培养的、最有益的习惯。

▶ 03

每个人的成功都是"自我控制"和"坚持不懈"的结果。

日本社会学家横山宁夫提出了一个观点：自发的才是最有效的，激励一个人最有效的方法不是强制，而是触发个人内心的自发控制，这种观点被称为"横山法则"。

有自觉性才有积极性，无自决权便无主动权。

高尔基说："哪怕对自己的一点小小的克制，也会使人变得强而有力。"

的确如此，我上大学的时候，有幸接触到学校的一位风云人物，她是我同学院的一位学姐，平时利用空余时间在校外的一个健身房做助教。

我报班的时候意外发现我们是同校，两个人一见如故，一时聊了很多话。

她虽然还没毕业，但是工作已经定下来了，还把注册会计师考到手了，而那时候我是一个连会计证是什么都不知道的小菜鸟，可想而知一个注册会计师在我心中的地位有多高！

最让我觉得不可思议的是，她还有时间健身，身材也非常棒。

我不禁感叹："你到底是如何做到的？边健身边学习，还都做得很好，真是太难得了！"

学姐笑着说："登峰造极的成就源于自律。虽然我还没有登峰造极，但这是我的座右铭，也是我的目标，学习的时候克制住不玩，健身的时候克制住不吃，很快你也能像我这样了。"

虽然道理都懂，但是做起来真的很难。说到底，就是欠缺一点自律性。

你可以追剧追一晚，只要你可以按时交上论文。你可以有丰富的夜生活，只要第二天你还能精神饱满地做好本职工作。放纵究竟是不是错，取决于你能不能为你的放纵负责。还是那句话，不懂自律的人不足以谈人生。

要想肆意放纵人生，就要先学会收敛、自律和克制，从控制熬夜争取早起，到控制食欲减轻体重，到控制各种不甘心、嫉妒心得失心等莫名其妙的妄念，都是一种尊重事实、遵循理智的成熟态度。

自律能够带给你自由，使你最终过上自己想过的生活：干净的圈子，规律的生活，有保障的经济基础，标准的身材和中意的人。这是自己修来的惊喜，也是生活给予的奖赏。

真正的自由，是见惯了千种活法却不羡慕、不嫉妒、不鄙视，安心地走自己的人生道路，在日复一日的坚持中，活得越来越像自己。

自律不仅是一种对自己的掌控能力，更是一种生活方式和生活态度，你想活出什么样的人生，取决于你对人生的掌控能力。懂得了自律，你就有了在人世间行走的底气，就能选择自己想要的人生，过自己想过的生活。

自律，也是一种自珍，你用珍爱自己的力量塑造出的品德，像一件艺术品般散发出迷人的光芒，沉默无语也会被别人奉若珍宝。

自律可以帮助你活出社会价值和无可替代的地位，唯有如此，梦想和事业才不会成为负累，而最终成为你个人品质的保证。

这世界不会与你处处为敌

▼

▽

▽

▽

不管环境多么纵容你，

你都要对自己有要求，

保持一种自律的品格。

或许它暂时不能改变你的现状，

但假以时日，它回馈给你的一定会让你惊喜。

不要缅怀自己的蠢事，
要从黑历史中长点脑子

04

▶ 你之所以迷茫又总难遂心愿是因为：明知是脑子饿极了，却只会拼命喂肚子。

▶ 拼命往前跑，速度虽然快，却未必是最有效率的方法；
▶ 努力向前跑之余，也别忘了适时调整自己的方位，或在机会来临时跳上公交车，一举达到目的地。

▶ 如果经过努力，你还是无法完成梦想，也许你所需要的，只是换个方向。

哪怕是一夜暴富，
背后也都是你没看到的厚积薄发

一切抄捷径的行为，最后都被证明是在走弯路。在需要埋头种地的时候，你误入了别人家的果园，就以为自己已经收获了整个秋天，还沾沾自喜，这就是实力作死。

▶ 01

从小到大，数学对我来说一直都是噩梦，常常祈祷，但愿永远不用再学。

高三那年，各种试题铺天盖地，席卷而来，一天的作业量多到爆表，根本做不完。数学老师每次布置作业时都会说："多做题你们才会有思路，才会熟能生巧。"还把我们练习册的答案全部撕下来，收了上去，班里一时怨声载道。

但是道高一尺魔高一丈，班里一位同学早已预料到老师会有此一招，一早把答案复印完毕，在班里广为流传，每天要放学的时候就会有一批已经写完了的先锋队"慷慨解囊"，将写好的作业分给我们带回家去抄。

我从小到大都非常害怕老师，老师说不准抄作业，我就坚决不抄，但后来作业实在是太多了。终于有一天，我鼓起勇气，跟同桌借了一本写好了的作业回家。

一开始我跟自己说，我先做，然后有不会的就看看同桌的，但是当大片答案摆在我面前的时候，我没能控制住自己，开始"奋笔疾抄"。

这时候妈妈突然回来了，做作业的我没来得及把同桌的习题册收起来，被她发现了。她严肃地问我为什么要抄作业，我扁扁嘴，说："作业实在是太多了……"

妈妈就说："老师布置这么多作业，肯定有他的原因，你们最近学的东西肯定要多做题才能熟悉，是不是？"

我试图辩解："我没有抄，我只是自己先做，有不会的再看看他的。而且最近作业实在是太多了，很多人都抄……"

　　妈妈很生气，说："布置作业是希望你温故知新，会做的要熟练，不会做的要学会思考，你现在一不会就去看别人的，那还有什么用？还有，不要因为别人抄作业，你也抄作业，学习不能走捷径，要一步一步来。现在你偷的懒，都会变成你将来流的泪。"

　　那天晚上，妈妈陪着我一起写完了全部的数学作业。

　　有了一次教训之后，虽然看着大家每天都能很早就写好作业，但是我不敢再抄了。每天都老老实实回家，认真把作业写完。

　　那段时间虽然我玩得比别人少，但在后来的考试里我破天荒考了一个比较高的分数，对我来说已经打破了自己的最高成绩，连自己都吓了一跳。

　　这件事情带给我的震撼很大，一是发现自己努力也能变得很优秀，二是发现学习是不能走捷径的，只能一步一步来。做人做事也是这样，都要脚踏实地，成功没有捷径，想要成功，就必须自己努力获得。

　　很多人以为眼前可以省掉很多事的做法是可取的，但其实这些都只是暂时性的，为了多空出时间来玩耍而去抄作业的人，最后还是会因为作业是抄来的而不能将学到的知识融会贯通。

张爱玲曾写过："每个年轻人，都有一条非走不可的弯路。"正是这条弯路让你经历迷茫与痛苦，摔尽跟头，四处碰壁，头破血流才练出今天的钢筋铁骨，真正地学会长大。

过去无论好坏，都是人生的积累。未来无论如何，都是你今日的指向。你想要收获的，势必要有所耕耘。而努力、坚持是一种生活态度。

▶ 02

最近，Grace 在朋友圈疯狂地晒自己的马甲线，并附言：健身是这个世界上少有的，你付出就会有回报的事情。引来一片"啧啧"的赞美声。

熟悉她的人都知道，Grace 当年的身材只能用"虎背熊腰"来形容，而如今居然可以秀马甲线了，这不能不说是天翻地覆的改变吧。

那天朋友聚会，我们都按捺不住心中的好奇，纷纷向她打听马甲线的秘诀。有的说你是不是吃什么药了？有的说你是不是请了专业健身教练了？还有的说你是不是动手术去抽脂了？

Grace 不住地摇头，叹了一口气，说："你们别做梦了，这世界哪有什么秘方，能让你短时间就变瘦变美！罗马不是一天建成的，我的马甲线是我花了整整四年时间，不断坚持锻炼的结果，流过多少汗水，吃过多少苦头，你们知道吗？"

一番话说得众人哑口无言，还有几个人偷偷地摸了一下微微隆起的小肚子。

是啊，马甲线不是一天就能练成的，就像我们的人生一样，从来就没有什么捷径可走。

Grace 如果不是用一千四百多个日日夜夜，坚持不断地流汗锻炼，她不可能会有让当年的"笑话"变成今天的"神话"这样骄人的成绩。

记得上大学的时候，大一新生才艺表演，看见一个女生边唱边弹，觉得会弹吉他真的是太帅了。刚好有社团教吉他，就兴冲冲地参加了。

那时候是一个大教室，一个礼拜只有一节课，而且是三十个人一起上，虽然老师好，可也没法每个人都指导。具体能练到什么程度，就是要看各人的悟性以及勤奋程度了。

刚开始的几个星期，我还每天兴致勃勃地在寝室里面瞎弹。第一首会弹的是《小星星》，那天可把我给乐坏了，一个下午也不知道弹了多少遍。

可是课程上到后面，越来越难，我也越来越跟不上，怎么弹都觉得不顺手，一回到寝室不自觉地就想打开电脑，一个学期课程结束，我甚至连一开始弹的那首《小星星》也越来越不熟练了。

后来，那把吉他跟随我回到家，放在我房间里，我却始终都没打开过它。

反观那个女生就完全不一样了，那时候她和我是一起报名参加的，虽然她已经自学过一段时间，但是她还想继续学下去。

两个人一起跟着老师学，一起弹《小星星》，只是《小星星》之后我们两个的轨迹却完全不一样了。

我越来越差，而她，却越来越好。

我一直都是停留于基本的《小星星》阶段，甚至还不断倒退，当时的想法就是，又不是靠这个吃饭，想学就学，想不学就不学，自己高兴就行。

她反倒是每天都回去练习好久，经常在宿舍走廊里听见吉他声。慢慢地她学会了很多流行歌曲，还越学越深，弹得也越来越流畅。

"你这么弹，手不疼吗？"说真的，弹吉他按得还挺用力，每弹一次吉他，我都觉得手好疼。

"一开始疼，后来慢慢就习惯了，弹多了就好了。"

她一直跟着老师深入学习吉他，毕业前夕，她已经能够教小学生们弹吉他了，一开始一小时五十元钱，后来因为水平好，价钱也是越涨越高，毕业的时候，已经一个小时二百元了。

两年前，听说她自己开了吉他班，不知不觉，她把自己的兴趣爱好发展成了主业。

我突然想起妈妈说的那句话：现在你偷的懒，都会变成你将来流的泪。

虽然不会弹吉他还不至于让我流泪，但是我确实亲眼看到那个女生一步一步努力，一点点掌握了一项新的技能，并且这项技能，还能够赚钱。

原来人生，还有这样一种过法，从来不是只有一种出路，心里有内容，脸上就不慌。你往前走了一大步，然后，世界突然又给了你一条退路。

这是一个浮躁的年代，这是一个讲究"速成"的年代，很多人渴望急速成功，渴望急速通过考试，急速恋爱成功，急速升官发财……

速度给了人类无限的激情，伴随着信息大爆炸的巨响，每天的工作就是迅速地吸入吸入再吸入知识和信息，而这一切都只是为了快速地赚钱或成功。

所以，有英语口语一月速成班，有某某纤体一月包瘦不瘦退款，有"包过包会"各类急速培训机构，有各类速配相亲……

能加速你成功的，也能加速你的死亡，什么"速成"之类的都是浮云，没有真才实学的人都走不了太远。

这个世界有一个颠扑不破的真理：人生从来没有捷径。没有人知道，在成功者功成名就的背后，隐藏着多少不为人知的辛酸与委屈。

▶ O3

网上曾有一组很火的漫画，名叫《人生没有捷径》。

它说的是这样一个故事：无论我们贫穷还是富有，生来都背负着沉重的十字架。有人在半路觉得这个十字架太重，不堪重负，他在思索，是不是可以砍掉一块，让十字架变得轻一些。于是他决定将十字架砍掉一截。砍掉一截之后，他又重新启程。

的确，这时候好像轻松了许多，走起来也比别人快。又走了一段，他觉得十字架还是重。于是，他决定再砍掉一截。感谢上帝，我又砍掉了一截。这时候就轻松多了，他渐渐地超越了很多人，走在了最前面。但是，走着走着，前面出现了一条鸿沟。

别人都开始用十字架搭建的"桥梁"走了过去。然而，自己的十字架却因为被砍掉了好几截，长度不够，无法跨越鸿沟。

他非常地沮丧，但是，后悔已经来不及了，他的路途也许就将止步于此。

在人生的道路上，总会遇见很多的困难，克服才得以前行，逃避问题看似更轻松，实则面临更大的困难。比误入歧途更可怕的，是试图寻找捷径。

人生的路，需要一步一步往前走，需要坚持不懈地努力与付出，世上没有过不去的阴影，只有过不去的心情。人生在这个世界上，必须要饱受风霜与挫折，才能抵达成功的路径。

很多人认为，这个人成功了，可能是因为家里条件好，有背景，也可能是这个人很聪明智商高，甚至长得漂亮都可以成为一条"捷径"。

其实捷径就是一条道路，既然是道路，就是人人都能走。显然，那些先天性的长处都不能被称为捷径。现在因走捷径所节省的所有路程，不久的将来都要靠数倍乃至数十倍的弯路来弥补。

马克思说过："在科学上没有平坦的大道，只有不畏劳苦沿着陡峭山路攀登的人，才有希望达到光辉的顶点。"

迷茫是生活中的常态，谁不是小马过河一样蹚过来的。有起有落，有荣有辱，才是生活的真实面目。虽然很羡慕那些二十几甚至十几岁就找到奋斗方向的人，但成功得晚一点，绕过不少弯路的人，也不算亏。

在最无趣无力的日子，也要保持对生活的好奇。不必为了天亮去跑，跑下去，天自己会亮。谁都无法预知未来，但今日的种种都将指向未来。通向梦想的道路，哪怕是一夜成名，背后也多的是你没看到的厚积薄发。

没有哪种成功是一蹴而就的，无论是不可替代的专业技能还是让人信赖的忠心，都需要时间修炼与经营。千万不要抱着急功近利的心态去寻求速成之法，持之以恒才是奔向梦想的不二法门。

这世界本来就没有免费的午餐，人生很简单，你给出去什么，合理时间内，便得来什么，基本等价交换，若略有差池，在于你的用心、执着和时机。

至于未来就交给未来自己回答吧，但行好事，莫问前程。

你看起来很忙的样子真失败

如果你很忙，除了你真的很重要以外，更可能的原因是：你很无能，你没有什么更好的事情去做，你生活太差不得不努力来弥补，或者你装作你很忙，让自己显得很重要。

▶ **01**

身边总有这样的人：每天都在熬夜学习，可考试结果不尽如人意；每天都是最后一个离开公司，可月末总结时总挨批；每天都去健身房，过了好几个月，说好的八块腹肌还是一堆。

整天熬夜读书的，没事就会刷手机，朋友圈的点赞和评论数他最多；总是熬夜加班的，往往效率低下且拖延，白天磨洋工，晚上赶夜工；看起来去健身房，实际上没在跑步机上待几分钟，就在朋友圈秀汗水。

相比于整天无所事事的人来说，他们已经很正能量了。但显然，毫无意义。他们忙忙碌碌，却又碌碌无为。时间虚度，空留疲倦。

像我一个大学同学小玉，是公认的拼命。

她每天早出晚归去图书馆上自习，点灯熬油般考各种证。偶尔碰个面，她要不左手刷题右手扒饭，要不就掏本英语单词集念念有词。

朋友圈竟是"你见过凌晨四点的校园吗？"这样的话，对世界道一声晚安，底下称赞她"努力""正能量"的评论不断。

但她的付出与回报从不对等，成绩并不是很好。

有一次聊天，她说："真气人。考前两个月我就冲刺了，每天熬到两三点，背了好几本书。居然又不及格？你说是不是评卷老师没认真看啊……"

刚开始，我挺同情她，也为她可惜。这个困惑直到和她一起上过几次自习后，才得到解答。

原来她每天坐在书桌前，不全是在学习：翻一会儿书，就忍不住拿起手机刷一下；因为起太早，容易犯困，于是经常在图书馆补觉；熬夜时随手发一条励志朋友圈，之后的时间和注意力全都用来回复大家的评论与点赞。

熬夜学习，最后变成了熬夜刷手机。考试失败，理所当然。她分明是一个"低品质勤奋者"。用她自己的原话说，熬夜大法好，苦读是个宝。

可是，上天不会亏待努力的人，也不会同情假勤奋的人。

这恰好解释她为什么"越努力，越失败"。说白了，就是空有"忙碌的姿态"，却没有正确的努力姿势。

勤奋并不是没用，但是有前提。最起码，勤奋得用在真正棘手且更有价值的部分。"把书翻完"，并不意味着"我在进步"；"熬夜苦读"，只会让你"感动想哭"……

时间久了，难免形成思维上的能力错觉。但是一到验收成果的时候，立刻露馅了，高分梦碎，那真是欲哭无泪。就这样，深陷在否定自我、质疑环境的情绪怪圈。

有时候，不怕真穷，只怕伪忙。不怕效率低，就怕懒得动脑。抱怨"越努力，越失败"的你，不如缓缓，先好好想想。

有时，付出了时间，并不等于努力了，你随时可以被取代。任何没

有计划的学习，不过作秀罢了，任何没有方向的努力，不过自欺欺人而已。真正的努力，需要方向。

▶ 02

有时候，你的辛苦不叫努力，只能算是重复劳动。

努力本应该是一件特别正能量的事情，不应该被偷换成忙碌和感动自己的概念，反而让人焦虑和不安。

总有人能翻出一堆非常励志的话来给你洗脑：明星们每天只能抽空睡觉，一天飞五个地方，再累见到要合影的粉丝都会保持笑容；CEO 们都自豪地说：每天我只睡四个小时；科比说了那么多话，最红的就是：你见过凌晨四点的洛杉矶吗？……

因为努力，所以成功——这个公式给你打了一针充满希望的鸡血。在这种风气下，每个人都必须隐藏好自己内心那颗"贪图享乐和安逸"的心，逼着自己成为那个忙成狗、累吐血的人。不然你就分分钟被指责、鄙视。

一部分先努力带动后努力，最后大家全都进入看起来拼命努力的忙碌状态中，而这种忙特别具有迷惑性和煽动性：大家都加班到十二点，我怎么能六点回家？没有人在意其实是别人上班效率低；大家凌晨两点还在发邮件，我怎么能睡觉？没有人在意其实是方案本身不好；大家周末都跑来加班，我去喝下午茶岂不是显得很懒？

这种低品质勤奋方式就像旋涡，把所有人都吸进去。在这种环境焦虑和内心自责的双重鞭笞下，大家一刻不停地往前跑。可怎么还是买不起那套五十平米的学区房？说好的努力就能成功呢？

在你周围有太多鼓吹"你必须拼命努力，才能看起来毫不费力"的人，他们耗费大量的时间做一切累死自己的事情，来安抚焦虑的心和对成功的渴望，还把这种焦虑转嫁到别人身上。

说真的，这么表面的忙碌，其实十分费力。

忙碌跟忙碌也是不同，有人忙着实现梦想，有人忙着琐碎，有人忙着社交应酬，有人忙着瞻前顾后不敢下手。就在这些忙碌里，有些灵性消失了，有些勇气不见了。

失心的忙碌简直把人变成陀螺，每一圈都是白费，直到耗尽所有的力气。

网上热传的"哈佛大学凌晨四点半图书馆的景象"最终被证实是一个不存在的假象，不知道小玉看到这个消息会是什么心情。

其实，以学习时长来衡量一个人刻苦与否本来就是一个没道理，甚至有点蠢的方法。当谎言被戳破，你要做的，不是去计较，努力是否还有意义？而是尽力，让自己的努力，都成为有意义的努力。

那些看起来毫不费力的人，不是他们背后牺牲睡眠和健康去努力，而是他们找到了成功的好方法。

他们可以用有限的时间，高效地处理问题，他们知道事情的重点不是表面上的忙碌，而是背后隐藏的规律和方法。那些花大量时间看起来很努力的人，最喜欢说的话居然都是"我没时间啊"，每一个说出这句话的人，都是在宣布自己丧失了对时间的主权。

努力不是盲目地延长工作时间，而是认真地提升工作效率。

要记住，时代会悄悄犒赏那些会学习的人，世界会向那些有目标和远见的人让路。

▶ O3

网上有句话：熬了几次夜就觉得鞠躬尽瘁，坐了几站地铁就觉得漂洋过海，没有吃晚餐就觉得一九四二，没人打招呼就觉得百年孤独。

可世界上最愚蠢的事莫过于自己感动自己。一个人被自己的事迹感动得稀里哗啦，别人却觉得你是个傻瓜。

熬夜如此，爱情也这样。

同样发生在我上大学的时候，一个男生和女朋友吵架后，为求得原谅在女生宿舍楼下大喊大叫，痛哭流涕。

他可能觉得自己很伟大，很痴情，殊不知在我们看来，这样的举动太幼稚，有股胁迫的意味，让女生承担了不该有的压力。自以为是的救赎可以感动自己，但感动不了别人。

后来女生实在没办法，只好到宿舍楼下找他说清楚。男生一听女生还是不肯原谅自己，有点着急了，拽着女生不让走，还不停地请求原谅。

其他同学看到男生的情绪越来越激动，只好找来校保卫科的老师，老师好说歹说把男生劝走了。男生一边走，一边还在自言自语："为什么，为什么她就是不肯原谅我，还想要我怎么样？"

故事的结尾，女生并没有原谅男生，他的"努力"，并无意义。

恋爱中自己感动自己的最高境界是：你一定也很爱这么爱着你的我吧！

因为自己有付出，深情到义无反顾，痴缠到感动自己，所以理所应当觉得对方也会被感动，这毫无道理。若是该理论成立，电视剧里又怎么会有那么多痴情男二、幽怨女二存在呢？

喜欢一个人，仅凭努力，怎么足够？

这个世界，很多时候是结果导向的，没人在乎你付出了多少，没人关心你为此受过多少磨难，他们只在意，你有没有把事情做好。

有的人对于"努力"二字的条件反射就是辛苦，就需要加油。努力减肥，意味着要少吃，要花更多时间运动；努力学习，意味着要通宵苦读，彻夜不眠；努力工作，意味着要加班到废寝忘食。

那大概是真的理解错了努力的意义。

什么熬夜看书到天亮，连续几天只睡几小时，多久没放假了，如果这些东西也值得夸耀，那么机械化流水线上任何一个人都比你努力多了。

人难免天生有自怜的情绪，唯有时刻保持清醒，才能看清真正的价值在哪里。

努力减肥，是学习科学减脂塑形的方法，按照科学的方法每周安排一定次数的训练，每天吃营养配比均衡低卡扛饿的食物，来达到最有效率的瘦身目的，而不是一股猛劲儿把自己饿到直不起腰。

努力学习，是要花比平时更多的专注度和注意力来获取知识，可能会安排更长时间的学习，但就算偶尔熬夜，也是高效率的熬夜，而不是白天玩手机晚上带着愧疚熬夜的自我感动。

努力工作，是充分利用上班时间，八小时工作时间干出八小时的工作效果，而不是把办公室当茶水间，喝茶两小时，工作五分钟。

无印良品的社长松井忠三说："面对工作，若只像少年棒球队的孩子一样，笼统地抱持着'我要努力'的心态，是最糟糕的。业余的世界还能容忍这样的心态，但在专业的世界里，如果努力过后没有成果，只会被大家认为你能力不足。"

努力，是成功者的借口，却又必不可少；是失败者的慰藉，尽可怨天尤人。真正努力的人，没时间感动自己，因为他们一直在专心做一件事，用心坚持，决不放弃。

过多地炫耀自己的努力，不过是因为没底气。没什么拿得出手的成绩，只能通过勤奋标榜自己。大部分看起来很努力人，不过愚蠢而已。除非你知道自己要成为什么样的人，否则你的努力不会奏效。

所有的激情澎湃，
不能只是说说而已

晚上想想千万路，白天继续走原路，躺在家里是不会遇到好运的。你所有的激情澎湃，不能只是说说而已。关于想法，谁先实现谁最牛。

▶ 01

朋友 Gina 说："最近感觉这日子啊，是越过越没意思了。"

就是眼看着朋友圈里的人活得熠熠生辉，读书的读书，旅游的旅游，工作的工作，每一个都活得很好。自己长到了二十几岁的年纪，却想往后退一退，对很多事都提不起兴趣来。

"有朋友在外企上班，周末时跟同事们在酒吧喝酒，纸醉金迷，觥筹交错，我很羡慕啊，但我不想工作；有朋友在满世界旅行，我也想去欧洲，可是我把网上的攻略翻出来看了一遍，太麻烦了，要办签证，要换货币，还要订酒店，还是不去更省心；还有朋友晒跟孩子的照片，我也觉得很温馨啊，但我连对象都没有啊。"

我就跟她说，其实人生中很多成就，往背面一翻，都是麻烦。不辞辛苦，跨过麻烦，才有甜头尝啊。

我劝 Gina 的时候很有道理的样子，其实我自己曾和她一样。

刚毕业那段时间，常常自鸣得意，觉得自己不受限的思维、想法、创意这些东西值千万两黄金一样，好像抱着这些想法就能发家致富一样。

直到重遇了苏珊，才让我彻底醒悟。

苏珊是我小时候一起学毛笔字的小伙伴，多年之后重遇自然很高兴。可高兴之余又很忐忑，别说是毛笔，就是拿笔写字好像也是上个世纪的事了，现在写的字都能把自己丑哭。

我偷偷在心里嘀咕着，她该不会现在还在练字吧？

结果一回家，就被她拉进一个微信群，大家可以在群里交流各种练字经验，而群里大部分人都是她的粉丝。其实小时候，我们也曾站在同一起跑线，连笔都不会抓就从零开始学习毛笔字，时隔多年，我早就因为种种原因没再继续下去，而她依旧坚持着，还小有名气了。

后来，受她邀请去看她的个人书法展，看着那一幅幅行云流水的文字，我有点动容。其实她曾经也是一个犹犹豫豫，不知道该走哪条路的小姑娘。但重要的是，当她真正做出了选择之后，也选择了执行。

小时候的我，爱好也真的很多。喜欢写字，偶尔画画、弹琴、和爷爷切磋棋艺。只可惜，没有把任何一个保留下来。

我把想做的事情都放在了嘴上，而不是行动上。做什么事情都只看心情，三分钟热度。面对自己的人生，面对各种生命的诱惑，面对一条条不同的岔路，除了想法，根本没有执行力。

时间一晃而过，那个酷爱跳舞的朋友成了舞蹈老师，教的孩子一批又一批；那个想当空姐的朋友，早已当了主任乘务长，满世界到处飞；还有当年在一起练毛笔字的朋友苏珊，除了本职工作，还举办各种书法展，甚至成立了属于自己的工作室。

她们的梦想都不大，可都一一实现了，因为，她们都是认真的。不是认真地想想，而是认真地做着。而我，早早把所有爱好都放弃，如今依然过着普通的生活。

还不是因为当时觉得练毛笔太累了，每天保持一个姿势，胳膊都酸了。还有那些我放弃的所有爱好。有时候想想，真的很后悔，这么大了，连一个拿得出手的兴趣爱好都没有。

当你把梦想付诸笑谈时，也同样有人默不作声地努力着，每天十小时，形单影只，也不放弃。纵使前途看似一片迷茫，他们也慢慢熬过来了。"敢做梦"没什么了不起，认真踏实地追梦，才值得钦佩。

想法是世界上最不值钱的东西，执行永远是最重要的。决定人生高度的从来不是做事的完美程度，而是执行力。

比如你饿了，你想煎牛排吃。你第一件要做的事不是在脑子里构想如何煎一块几成熟的牛排，不是去想如何让味道更加完美，不是去想哪个牌子的牛肉好吃，而是立刻去买一块回来。

连牛排都没买，吃什么！

现在随便拉出十个人，里面恐怕有九个都曾幻想过去哪哪旅行：未来的某刻，要去这些地方。但只有一个人能做到。因为其他九个，都把想法烂在脑海里了。

那些想法，在夜晚舒适的睡眠里，静静融化，差一点儿成为现实。差一点儿就是差很多。

▶ 02

微博上看见一段话，是说：最厉害的人，是那种说睡觉就睡觉，说学习就学习，说不玩手机就不玩手机，说不玩游戏就不玩游戏的人。深以为然。

观察周围所有出众的人，无一不是具备着超高的执行力。

而反思下自己，何尝不是在拖沓之中，蹉跎了无数光阴？间歇性壮志满腹，持续性混吃等死。不停地在手机屏幕上浏览别人的光鲜，仔细揣摩或大发议论，唯独对自己真实的人生潦草处置。多么讽刺。

这个世界规则强硬，不容置喙。所有的光环，都属于有执行力的人，不属于空谈家。

电影《社交网络》里，讲述了脸书曲折的创业史以及官司纠纷。然而，最有趣的不是这些，而是扎克伯格这个人，以及他惊人的执行力。

扎克伯格被女友甩了之后，当晚便心血来潮，怒敲代码。在很短的时间内，在电脑上做出了一款应用——大头照对比评分应用FaceMash。这个应用就是让校园里的美少女上传照片到网站，让路人去评分。

这个简单粗糙的产品抓住了大学生对美的好奇，抓住了美女们的虚荣心，并且通过评分建立了竞争机制，所以大获成功。

这里有个细节：扎克伯格他只花了六个小时，便完成了产品的设计、开发、上线。这可是一个小型创业团队两天的日常工作量。另外，同在哈佛就读的文克莱沃斯兄弟与扎克伯格是死对头，他俩总说扎克剽窃了他们的创意，才有了之后的脸书。

促成扎克伯格与文克莱沃斯兄弟日后的巨大差距的，也正是二者的执行力差距。

当文克莱沃斯兄弟在犹豫是否要做社交网站的时候，扎克伯格已经开始动手做脸书了；当兄弟两个在训练划艇时，脸书已经上线了。

当文克莱沃斯兄弟发出律师函，等待回音时，扎克伯格宣布脸书进入耶鲁大学、哥伦比亚大学和斯坦福大学；当文克莱沃斯兄弟去找哈佛校长告状时，脸书已经覆盖二十九所学校，拥有七万五千名万注册用户；当文克莱沃斯兄弟还在英国参加赛艇会比赛时，脸书已经成为剑桥、牛津和伦敦商学院的劲爆话题。

在扎克伯格惊人的执行与推动下，脸书几乎是以疯狂的速度在美国的大学校园铺开，然后蔓延到世界的各个角落。

面对"社交网站"这个足以带动全球性革命的想法时，文克莱沃斯兄弟迟迟不肯动手，而扎克伯格选择了像疯狗一般地执行。

除此之外，他还有敏捷的对项目的跟进能力。

扎克伯格初期是怎么保护脸书创意的？为什么上线后没被其他大公司抄走？保护创意的最好方法，就是将其最好地执行。

在这部电影里，你能时刻感受到扎克伯格身上有一种平静的粗暴，一种程序员身上特有的耿直。出现想法？OK，下一秒立刻去做！出现问题？OK，下一秒立刻解决！出现更优方案？OK，下一秒立刻敲代码进行产品迭代！

对，就是下一秒，甚至连下下一秒、下下下一秒都是晚的。

▶ 03

　　我们绝大多数人的人生，根本上升不到拼决策的层面，而是在拼执行力。执行力强的人，遇到的失败也多，所以你常常看到那个躺在家里的人，嘲笑去行动的人，你瞧，失败了吧？

　　三五年后，躺在家里的人依然躺在家里，而走出去的人，虽然没有抵达他最初想要到达的地方，却阴差阳错地遇到了别的机遇，开启了规划外的精彩人生。

　　原来，人最可怕的不是遇到失败，遇到失败至少证明你曾经接近过成功，最可怕的是什么都遇不到，一年与一天没有区别，十年与一年没有差异。

　　这是最好的时代，也是最坏的时代。当你做事的速度足够快，执行力足够强，你会深信：这的确是一个最好的时代。因为每个人都能通过各自的长处、技能、兴趣，找到足以使自己安身立命的去处。

　　当你做事的速度太慢，你会抱怨：这时代，简直坏得不像话。钱都被人家赚了，自己什么也没有。

　　你的心态日益扭曲，原本的激情早就在一而再再而三的拖延中，消失殆尽。事实上，这些人都是被自己拖垮的。

大部分人不是没有能力，也不是没有决心。其实就是差那么一点点，只要动动手，日后的所有情况都会发生改变。

你不必和那些金字塔尖的牛人比，光是和那些足够成功的普通人比就够了。

当你把自己和那些成功的普通人比较，你会发现，你和他之间的差别，其实就是当初"动手做了"和"没动手做"的差别；你和他之间的巨大鸿沟，就是当时一个微小的执行力所引发的蝴蝶效应。

大家都是普通人，二话不说把事先做了的人，成功的概率要远高于那些明日复明日的人。

假如有一百个人要做一件事，除去那些什么也不做、半途而废、浅尝辄止的人，最后也许只剩三个人，立马开干、雷厉风行、决策果断，抢到了优先权，提前抓住机会，并且时时跟进。

这3个人做事的态度，最终决定了一个事实，他们一定会跑在人部分人的前面。

很多人的人生，真的就输在瞻前顾后上。到真枪实战的关口，你溜了，那抱歉了，你一定是一无所获的。因为"纸上谈兵"的人生，永远无法高质起来。

记得初中上体育课的时候，老师说："你跑得快，但总不是最快，知道为什么吗？因为你跑着跑着就要转过头看旁边的人跑得多快，既分散了精力，又浪费了时间，反而慢了。"

我们从小就爱比较，左顾右盼、嫉妒恼火，反而让自己更糟糕了。他说的对："你要做的，是只盯着属于自己的跑道，枪一响，拼了命往前冲就好了。

你想拥有一个很棒的人生，想要自己精神物质都富足、爱情事业双丰收，可是你很清楚，这些是想不来的。

好东西都是限量版，要去争，要去抢，命运才会向着你来，给你多点担待。

瘫在床上刷社交网络，对别人的履历啧啧称奇，看再多笑靥如花的美好，也并不能改变你的灰头土脸。

加缪说："一切伟大的行动和思想，都有一个微不足道的开始。"美好，是要亲力亲为去追赶的。很难，可未必不能杀出一条血路。你要知道，没有执行力的人，是一定得不到的。他们也只能对着这些好东西，想想而已了。

人不是因为没有信念而失败，而是因为不能把信念化成行动，并且坚持到底。

"想法"只是幻影，用好手上的筹码，一步一步让它落到实处，这才是关键。毕竟，泡沫虽美，却随时要破，让你的人生能真正稳妥起来振作起来的，是你自己如假包换的执行力。

我讨厌"运气好"这个词，
它贬低了许多付出

若错失一个机会，说明你根本没有准备好，自身的力量接不住，承载不了，所以命运把它安排给合适的人。没有运气这一说，都是你自己建造的风水。

▶ 01

我没有想象中努力，却比想象中幸运太多。以至于后来，我总是用好运气来解释自己的小进步，像是怕忘了本。

直到又听到一句话："你愿意归为运气的东西，最终上天都会收回去"。吓得我再也不敢把运气挂在嘴边，取而代之的是"我尽力了"。

其实，也有很多人，在曲解"运气"的定义。

经常听别人这样说："算了，别费劲了，看运气吧。"

当你想出了新的点子，当你觉得很多事情不该这样，当你不想走规定好的那条路时，这句话总会冒出来。每次听完都会让人很泄气。

这个社会明明像一片森林，浩大、繁杂、多姿多彩。有的人却一叶障目，只看到眼前的不如意，就想当然地认为，这个世界也无非就这样，抱着侥幸的心理得过且过。

前些日子，摄影班认识的一个朋友在微博上私信问我："快高考了，前两年都没有好好学习，很想考个好大学，怎么办？"

距离高考就剩三个月了，才要好好学习，有点晚吧。当然了，我不能打击他学习的积极性，我立刻回复他说："那你要拼命啊，别人拼命了两年都不一定考得上，你这个时候肯定得更拼命才行。"

消息显示已读，但他再也没有回复过我。

后来，我无意间翻看私信列表，又看到与他的对话框，突然有点好奇还剩不到一周的时间，他准备得怎么样。

点开一看，他最新一条微博的内容是：车到山前必有路，愿好运与我同在。

评论区有他朋友的问话："你书看得怎么样了？"

他回朋友说："我没怎么看，就这样了，也许题不太难呢。"

我有点愣了，很想评论点什么，想想又克制住了。人是永远不可能被他人改变的，除非他自己想要改变。即使是传销洗脑，也只不过是放大与扭曲本来就存在的欲望。

那天以后我开始留意身边的朋友，才发现这样的人太多了，抱着侥幸心理得过且过，简直是"大势所趋"。

就在前几天，和一位朋友聊起她今年的工作计划，她做会计好几年了，有意换工作，想考个导游资格证，但是拿不定主意。

我回问她："你对你现在的工作满意吗？"

她说："不太满意，每天都在重复重复再重复，我早晨醒来眼睛一睁就知道今天的我是什么样子。"

我又问："那你是不是很希望自己的生活有所改变，多些激情？"

她急切地点头称是。

我说："那你就考啊，反正你现在也不忙，多尝试一下总没有错。"

她认为很有道理，立刻去报了名，买了各种资料。

后来，我给她发信息，问她准备得怎么样了。

她说："书买回来看了几页就看不下去了，到时候就裸考吧，看运气。"又是看运气，我被堵得说不出话来。

什么叫好运？真正的好运是抱最大的希望，行最大的努力，作最坏的打算，然后再把剩下的交给老天。生活帮你审核，但绝不帮你抉择；社会帮你变现，但绝不给你打折。

无论社会现实怎么样，你可以决定的是自己要走的路。然后再各凭缘分，而不是不做争取就听天由命。

有智慧的人更愿意用随缘的态度看待生命中的起起落落，他们不求非要建立因果，控制住自己的情绪，尽全力争取。反之那些脆弱的人总会被情绪左右，要么进一步折磨自己，要么听天由命。

▶ 02

我高中有一个姓孔的同学，把"命运掌握在老天手里"上演到了极致。

因为姓孔，一家人始终坚信自己的祖先是圣人孔子，所以理所当然地认为孔子子孙不会太差。

不光精神上信仰孔子，行动上也毫不输阵。家里摆放着孔子的圣像，从小到大，每逢考试，必定走到孔圣人面前，恭恭敬敬上三炷香，虔诚礼拜，保佑自己考试顺利。至于她学习是否努力，家人根本不关注。

等她上了高中，家里人感觉老祖宗孔子已经不能满足他们了，就把她过继给了观音菩萨，每逢大型考试，提前一个月吃斋念佛，更别说初一十五必定吃素，这是标配啊。

当别的同学都在拼命备考的时候，她就烧香拜佛。

正所谓，躲得了初一，躲不了十五，小考试混一混就算了，高考自然现原形了。勉强上了一个专科学校，毕业后，在一家普通公司浑浑噩噩地过日子，但是焚香礼佛的习惯依然坚持着。

进入社会后，生活和工作上的难题越来越多，人际关系、公司内部竞争……她最后还是学了她的父母，遇上难事儿就求神拜佛，仿佛不用学习，靠神佛就能解决所有困难。几年下来，别的同事都升职了，只有她还在干着刚毕业时就开始干的那摊事儿。

毕业后碰到她的父母一次，还在恨铁不成钢，我觉得很可悲。

这样的事听来很可笑，很不真实，但你一定有过类似的经历。

比如，早晨起来看一下星座运势，是不是水逆了？

比如，养个鱼也要按照风水命理来摆放鱼缸。

再比如，恋爱前习惯看一下对方的星座属相，可是星座未必准确，属相能说明什么？星座配对指数满分，照本宣科，就能直接领证吗？你了解了他的属相、就了解了真正的他吗？

你不好好沟通，不好好展现自己，认真用自己的魅力去吸引追求的对象，认真去了解那个你喜欢的人，而是迷信一些虚幻的玄学。除了失败、哭鼻子、委屈、擦干眼泪自己疗伤，还会有什么结果？

事到如今，我们好像早已学会，把自己好的那部分归为奋斗，把自己渣的那部分归结为星座。

开什么玩笑？你把感情交给星座，把努力交给鸡汤，把运气交给锦鲤，然后对自己说：听过许多道理，依然过不好这一生。你嫌弃自己命不好，它还嫌你不努力呢！

别再无病呻吟了，别再感叹有缘无分了，直接面对面表达，开始一场用心的感情，好过你做一百件这样的无用功。

对大多数人来说，人生像是刮彩票，只要缘分一到，自然福至心灵。但你应该明白，人生就是时刻准备、伺机而动，为了每个机会做充分的筹划，然后指望能赶上其中一些。

人们对幸运的理解不同：有的人觉得是守株待兔盼来的，有的人认为是枕戈待旦赢下的。后者入了迷，顶多就是心愿落空，奋斗却会在生命里留下成长。前者一旦成痴，就是抱着侥幸，继而怨天尤人。

你有没有想过，即便是好运，也有用完的一天?

▶ O3

白哥工作十多年，在这期间，拿到了硕士学历。他和妻子都是普通人家出身，全靠自己奋斗。奋斗之路，虽然苦点，但也算顺风顺水，攒钱买了一套价值一百多万的房子，有一个可爱的儿子。

二胎政策放宽之后，夫妻俩又生了一个儿子。为了带孩子，妻子辞职做起了全职主妇。

之后，房价大涨，夫妻俩手里有余钱，又买了一套小户型的房子，是学区房，相当贵，为了凑齐首付，拿了第一套房子做抵押，终于凑足了首付。

家庭开销一下子变大了，但只有白哥一个人挣钱，每月扣除所有开销，根本没有富余。

然而，好运并没有一直眷顾他们一家，因为一次小小的工作失误，公司希望他主动辞职。无奈之下，白哥开始在网上投简历。大公司面试机会少，小公司月薪根本不够付房贷。

如果卖房子，肯定被压价，搞不好还要赔钱。

白哥困惑了：自己这么多年，从不曾懈怠，加班加点，也不曾迟到早退，就因为一个小失误，就丢了工作。自己不努力吗？为什么运气这么差？

人生不是赌博，人生是投资。真正的投资，不是在撞大运的路上努力。走上人生巅峰，不光需要你闷头向前冲的干劲儿，更需要你选择对的方法。他们完全可以过上体面安稳的生活，却因为过度乐观和透支未来，遭遇了空前的危机。

很多时候，你习惯了去给自己编造一个美丽的梦。这个梦，叫运气。

看到十几岁的人唱首歌就一夜爆红，一个化妆师教人怎么化妆也能吸到百万粉丝，两个高中生写个 APP 转手就把公司卖了上亿美元，一个大学生创办个社交网站，几年之后就跻身全球首富行列，跟各国元首谈笑风生……

你以为，这都是运气。有朝一日，你也可以。

可是好运背后，是熬过的无数个通宵和咽下的无数委屈，是每一次合作中的真诚与正直，是摸爬滚打多年所枳累的人脉与资源，是无可取代的实力和经验。正是因为有了这些，才能生生将霉运转成好运。像是一个人在做引体向上，终究上不上得去，只取决于你自己的力量。

运气很偶然，但成功从来都不偶然，一个人的好运，是带着很多步步为营的因素，才得以变成一个叠加态，降临在你的人生，像滚雪球一般，带来更多的机遇。

生活中确实需要些运气，意外的好手气会让生活多一些惊喜和乐趣。但是，想依靠运气来扭转人生，拜托，请保持智商在线。

梦想要有，但得给它画个路线图，别成天躺在"万一实现了呢"的幻觉里，破灭了还失望。幸福要追，就得挥别什么都想要的贪图，别成天陷入"这个真不错不舍得放弃""那个也很好超级想要"的两难。

如果连拿到其中之一都很不容易，不如先专攻一个再说。

人生辛苦，谁也不必看低谁。但成年人一定要明白一个道理：生活饶过你，不过算侥幸；生活折磨你，无非是寻常。命乃弱者借口，运乃强者谦辞。

英国哲学家培根说过一段话："幸运的机会好像银河，它们作为个体是不显眼的，但作为整体却光辉灿烂，同样，一个人若具备许多细小的优良素质，最终都可能成为带来幸运的机会。"

努力不一定会成功，但努力的人身上肯定都有不同寻常的小闪光，凭此他们总能摊上一些机会和一些幸运。

所谓的幸运，就是当你准备好了，机会来了，你恰好抓住了。

你不成功，
是因为没把喜欢的事做到极致

这个时代缺的不是聪明，而是专注力。如果你做什么事都只是蜻蜓点水，那么一定会一事无成。重要的不是多而杂，而是有一样能拿出手。一事精致，便已动人。从一而终，就是深邃。

▶ 01

小张是公司工作最努力的小伙。他每天早上第一个到公司，最后一个下班。从来不会迟到早退，而且经常加班到深夜。

虽然不在一个部门，但每天都能看到他忙碌的身影，我经常想，这么积极努力的人，升职加薪跑不了。

后来有一天中午，同事们围在一桌吃饭，小张突然神情有些忧伤地说："你们说，这个城市这么大，怎么就没有我们的一席之地呢？好迷茫，心好累，真想回老家安安分分地待着。"

看到一向努力认真的小张居然如此焦虑迷茫，我们都有些吃惊，慌忙安慰他："别灰心，你那么努力，一定会在这个城市安家落户。"

小张摇了摇头，苦笑了一声说："不可能，我丝毫看不到希望。我从实习就在这家公司，到现在都四年了，工资依然还是三千块，一年的工资都不够买一平房子，怎么安家落户？"

我当时惊得下巴都掉要下来了，"不可能吧？你工作那么努力，天天加班，老板给你开三千块，这么认真的员工他都不想办法留住？"

小张深深叹了口气，手扶了扶眼镜，一脸迷茫地望着远处的高楼大厦。而我们都有些尴尬，不知道该说什么好。

回到家后，我仔细想了一下，老板不可能不想方设法留住一个优秀的员工，那么问题可能出在小张自己身上。从那以后我特别留意小张日常的工作。

慢慢地我发现了小张的问题所在，什么都想尝试，就是没有专注一样拿手的。

我们是一家杂志社，小张负责新媒体运营，他大学学的是会计专业，新媒体运营是他毕业后自学的。当时我有些纳闷，一般会计工资都不会太低，而且资历越久，工资提升空间越大。

对此，小张的解释是，他不喜欢会计，当初选专业是他爸妈逼他的，所以大学四年他几乎都没好好上课，补考好几次才毕业，会计师证也没考下来。

"那你大学四年都干什么了？"我很好奇。

小张眉飞色舞地说："我喜欢唱歌，喜欢吉他，大学四年组建了一支校园乐队，我们还写了好多首歌，当时在我们学校可火了。"

"既然你喜欢唱歌，为什么又来做新媒体呢？"我不解地问。

小张笑着说："因为我也很喜欢媒体运营，这是新兴产业，以后发展空间无限。最重要的是，我觉得公司新媒体运营需要的是全才，其实摄影、录音、写作也是我的兴趣爱好之一。"

我终于明白小张为什么每天那么努力地工作，却依然迷茫了。因为他每天除了打理微博和微信公众平台，还用了大量的时间去兼顾不属于他的工作。

我想了很久才小心翼翼地问他："你有没有想过术业有专攻这个问题？"

小张神色黯淡地说："可是这些东西都很喜欢，难以取舍啊？"

"可是人的精力是有限的，你要想在某一方面有所成就必须百分百专注，兴趣爱好那么散，到最后很容易什么都做不成。如果你想有所成就，在这个城市站稳脚跟，必须找出那个自己最喜欢，最擅长的事，然后使劲往里钻，把它从一块普通的石头，打磨成美玉。只有把自己的最大优势发挥到极致，才有可能无可替代。"

看小张有些质疑地看着我，我和他讲了我身边两个朋友的事。

▶ 02

在现在这个社会，谁的朋友圈里没有几个微商呢？

微商最火的那段时间，我的朋友圈几乎每天都被刷屏，说实话，有点苦不堪言，但是很多都是朋友，怎么也无法下决心屏蔽。

朋友小美就是微商大军中的一员，她所发布的商品固然琳琅满目，品种繁多，但彼此毫无联系与瓜葛。比如前一分钟是食品，后一分钟就变成化妆品；前一分钟是服装，后一分钟又换成保健品。

如果是陌生人，我早把她拉黑了，以我对她的了解，说不定又和以前一样三分钟热情了。

果然像我猜测的那样。她乐此不疲，轰轰烈烈地刷了两个月，突然从某一天起风平浪静，消身匿迹。

我忍不住问她原因，她向我大倒苦水："微商不好做，尤其像我这样每天上班的人。只能起早贪黑，见缝插针。恨不得二十四小时守着手机，万一有人询问下单，另一边却又担心烦到哪一位，把我拉黑……"

"你那么辛苦，赚到钱了吗？"我好奇地问。

"没赚到一分钱，还搭进去不少。"小美悻悻地说。

"你分析过原因吗？"

"大概进的商品不好吧。"

其实我总结了一下，这件事和商品的好坏没有直接关系，却和专注程度有关系。

两个月的时间了，她发布了几百种商品，涉及的商品种类也有几十种。按每天发布两种商品计算，这两个月要化多少时间去熟悉每一件商品的功能、特点和优势呢？

因为商品种类太多，所以没有办法专注到某一类消费人群，也就抓不到目标客户。看起来谁都是客户，其实谁都不是。

而我的另一个朋友小丽，她也做过微商，不过和小美形成了鲜明对比。

小丽在做微商之前，先研究了一下市场的方向，发现人们越来越重视健康，身边的朋友上班都用电脑，或多或少颈椎、腰部都会不舒服，这让她发现了商机。

于是她大量搜集关于艾灸的资料，然后开始做起了关于艾灸产品的微商。由于艾灸治疗确实简单有效，价钱便宜，而且大家询问她一些简单的艾灸方面的知识，小丽都能对答如流，很快就形成了口碑，大家都愿意在她这里订购。

现在她已经积累了大量的客户，工作之余又开辟了副业，这是多少上班族梦寐以求的。更重要的是，和小美相比，她用更少的时间做成更大的事，显然她赢在专注。专注并不是把所有的时间花在同一件事，而是当你决心做一件事时，心无旁骛。

小美什么都想做，恰恰分散了注意力，影响了自身潜能的最大挖掘。小丽不管别人做什么，自己只做一件事。像打造品牌一样打造自己，让自己深入人心。短时间内让尽可能多的目标客户知道她的角色。

当这些客户有需要的时候，首先想到的就是她。这就是专注带来的便利。

听完我跟他说的这些，小张若有所思地点了点，然后面带微笑地说："我好像明白了！人的精力有限，不能太分散，要集中在自己最喜欢、最擅长的那件事上，持之以恒地坚持，才能成为该领域的专业人士。"

人的精力本就有限，如果再浪费在零散的兴趣上，难免一事无成。对大多数人来说，兴趣广泛而无一专注可以理解为：凡事都三天打鱼两天晒网，缺少不断探索的热情与恒心。

不能吃苦，没有研究的心态，没有应对枯燥事物的心态，没有应对失败的心态，没有深思熟虑的习惯。如此看来兴趣广泛而无一专注就是一种悲哀。

长期以来你都被兴趣是最好的老师这句话迷惑了心智，其实过分强调兴趣是对自己的一种溺爱。兴趣不是最好的老师，坚持与恒心才是。

如果不想一生都混混沌沌地过，那就应该尽量减少零散的兴趣爱好。找到自己最擅长的爱好，专注去探索，去钻研，持之以恒地坚持。

▶ 03

村上春树说："没有专注力的人生，就仿佛大睁着双眼却什么也看不见。"

在当今浮躁的社会里，许多人随波逐流，找不到自己的人生价值。今天听说体制内工作稳定，福利待遇好，就一窝蜂跑去考公务员，千军万马过独木桥；明天看网络直播火了，就全都去打造网红，做直播。大多数人都想着要"小聪明"，却少有人能够沉下心来，踏实努力地做好一件事。

工作中的很多压力，虽然来自于工作本身的多、繁、杂，但真正打败你的，却往往不是你没有能力解决、没有可能突破，而是来自于内心的无法专注，来自于你内心的忙、乱、慌。

关于专注有一个著名的"一万小时定律"，它指的是在任何领域取得成功的关键跟天赋无关，人们眼中的天才之所以卓越非凡，并非天资超人一等，而是付出了持续不断的努力。一万小时的锤炼是任何人从平凡变成超凡的必要条件。如果每天工作八个小时，一周工作五天，那么成为一个领域的专家至少需要五年。

很多人都说自己努力了很多，又学琴又练舞，却没有进步。但是真正重要的从来不是努力做什么，而是沉下心来，去做好一件事。

要知道，一个人一生的时间和精力都非常有限，专注比努力重要一百倍。

十件事情，你砍掉九件事，目的不是为了砍掉这九件事，而是把有限的资源用到某一件事情上，这就叫单点极致。优秀和平庸的差别，就在于你能否一心一意地做成一件事。

你总在感慨他人取得的成就、头衔、名目，而一心想要追逐，幻想着有朝一日也如他般耀眼夺目。而事实上，鱼与熊掌，不可兼得。你想要的越多，会失去更多。专注不是同一时间做一件事情，而是用自己的一生热爱一份事业，还有精力，再去成就其他。

人们常说，选择比努力更重要。其实，在拥有更多选择和机会的当下，更需要的是专注的能力，学会把自己喜欢的事情死磕到底。

你专注什么，生活就会给你什么。去做你想做的，不是这个世界要你成为的模样；去试你想试的，不是畏畏缩缩，徘徊不前。

你不成功，是因为还没把喜欢的事做到极致。一个人一辈子能把一件事情做好，就堪称完美。寻找你内心想要的方向，而后，才是在这条路上遵循方法，义无反顾。

这世界不会与你处处为敌

▼

▽

▽

▽

人生是一个不断完善的过程，

只有经历关卡和练习，才有可能提升段位。

只有经历过很多的丧，

你才会知道快乐是什么，想要的是什么。

生活中走得远的，
都是自愈能力很强的人

05

▶ 人活着就累，所以叫人类。

▶ 这个世界没有不带伤的人，痛苦是财富，这话是扯淡。痛苦就是痛苦，对痛苦的思考才是财富。人之所以快乐，并非遗忘了伤痛，而是学会了治愈自己。

▶ 这漫长的人生，没有皆大欢喜，只有自我修复。

哭着还能把饭吃下去的人，
都能做大事

人生如果容易的话，你当初来到这个世界时就不会从哭泣开始。希望还是要有的，放弃是容易的，但是真正困难的是勇敢地介入其中。生活中只有一种英雄主义，就是在认清真相之后，依旧热爱。

▶ 01

前几天接到了好久没联系的布丁的电话，一阵聊天打趣后，布丁突然很正经地问我，最近过得怎么样。

"嗯……还行吧，也就那样。你怎么样？"

"说不上坏，也说不上好，总之是一段一个人走的路。"

布丁是一名北漂姑娘，也是一名空巢青年。

什么是空巢青年？是指背井离乡，在大城市独自打拼的年轻人。他们没有背景，没有根基，立足已经不易，还想有更好的生活就更难了，可放弃又不甘心，于是在拼搏和苟且中追逐着诗与远方。

点外卖要凑起送费，买水果只买两三个，睡很晚也没人管，丢垃圾不小心把自己锁门外……大抵这就是空巢青年的生活。

北漂五年，频繁的出差让布丁走遍了几乎整个中国。

每天被工作填满，下班回到空荡荡的房间。在家点了外卖不敢洗澡，因为没人帮你下楼拿；一个人去餐厅吃饭不敢中途离开，怕饭菜被服务员收走。可是，心底难免会有动摇，这么累到底值不值？

每次给爸妈打电话，布丁都会说自己过得很好，很幸福，过年回家时也会给他们带很多的礼物。

她尽量让自己看起来很风光，但内心的苦涩只有自己才知道。特别孤独、无力的时候，忍不住想找一个肩膀靠一靠，却发现没有任何一个适合自己。

网上曾有过一个话题：什么时候你发现一个人挺惨的？网友们纷纷写下了自己的感受——

"无人问我粥可温，无人与我立黄昏。"

"过年回家，我妈要我留一个我在广州的紧急联系人电话，万一找不到我可以找那个人，结果我一个名字都想不出来。"

"孤独得像条狗，和 siri 做朋友。"

"每次打开家门，第一件事就是把所有的灯都打开，这样才不会觉得那么孤独。"

"《重庆森林》里和毛巾对话的场景，竟实实在在发生在我身上。"

印象最深的还是那句：孤独得像条狗，和 siri 做朋友。

这些都是孤独的常态。而最孤独的，不是一个人吃饭、一个人看电影，也不是一个人下午睡醒时看傍晚的日落，而是你在经历着不顺的时候，发现身边一个人都没有，所有痛苦和烦恼只能自己扛。

不是没朋友，只是越成长越孤独，越不愿把糟糕的一面轻易示人。更重要的是，你开始明白，这个世界不会围着你转，所以也不想轻易地打扰别人，来换取一些温暖却无用的安慰。

再也不能像小时候那样课间上个厕所都拉着手了。

很少有人在乎你怎样在深夜痛哭，也没人在乎你辗转反侧地要熬几个秋。外人只看结果，自己独撑过程。等你明白了这个道理，便不会再在人前矫情，四处诉说以求宽慰。

布丁说，以前有个师姐毕业工作几年后告诉她：你知道我现在最怕什么吗？我最怕生病。当时她一点都不理解师姐的话，觉得小病小灾的，吃点药就解决了，何必矫情。

直到有一次重感冒，她终于病趴下了。发烧到浑身酸痛，半夜挣扎着从床上爬起来下楼去买药。站在凌晨两点的北京街头，心里有种无法言喻的悲怆感油然而生。

回家烧水的时候盯着热水壶发呆，想起刚刚买药的时候，发现自己支付宝结账以后身上就剩了十五块钱，还跟收银小姐姐抱怨怎么现在药都卖得这么贵了，小姐姐笑笑说现在什么不贵啊。

"小姑娘一个人在外面要照顾好自己啊。"

等水烧开的期间，看着外面漆黑一片，眼泪就止不住地往下流。家乡的亲朋好友应该都在睡梦中了吧，谁也不会想到我，在异乡等水烧开吃药。

突然间就明白了师姐当初说的生病很可怕的心情。

　　"我不怕吃苦，怕的是孤独。在一个陌生的城市，没有亲人朋友，没有可以依赖的人，没有家的感觉，没有归属感，不管多晚回家，没有一盏灯在等你，没有一个人在牵挂你。"

　　生病这件事本身不可怕，可怕的是你生病了，却发现自己身边真的没有人。特别是一个人离家在外，这种无依无靠的感觉会淹没你。

　　人还是太脆弱了，特别是生病的时候，这种感觉会被无限放大，感情上的痛苦，生活上的压力，平时装得再坚强，好像这一瞬间你就垮了。

　　在家的时候，生病有父母彻夜忙前忙后照顾自己，离家之后，发现再也没有这种打滚撒娇的资格了。你不可能在生病的时候让朋友百忙之中来照顾你，也不敢打电话给父母让他们跟着担心，你得自己买药、打针，熬过浑身酸痛的夜晚，第二天该上班还得上班。

　　布丁说：刚到北京时，内心是坚定的，不断地告诉自己努力会有收获的，但是过一段时间内心的那种坚定就像蚂蚁搬家一样，一点一点从一个地方挪到另一个地方。

　　看到大街上相拥而走的情侣会羡慕，看到幸福的一家人逛超市也会羡慕，看到别人三五成群会羡慕，看到拉着行李箱回家的人也会羡慕。然后不断地安慰自己，奋斗是为了更好的生活，遇到更好的人，也会陷入自我否定，但很快又会显现出强大的自我调节能力。

学得最快也是最好的一件事，就是不断地安慰自己，学会了自己跟自己独处。

每个空巢青年，大概都有一个梦想吧，或前行或休息，也需要陪伴，也需要温暖，但是在没有对自己妥协之前，在每个城市你都会看见夜晚独自前行的人。他们走向的路是回家的路，也是能够有家的路。

节奏太快、压力太大、房价太高、上升太难，这是这一代年轻人无法逃脱的事实。有人说，现在的问题都是时代发展的阵痛，不幸的是，阵痛正好落在了这一代人的身上。

未来的路，不仅难走，而且漫长。要说不累，太假。相比于强行安利英雄主义，不如多一点理解和体恤，这是给满身风雪的赶路人，传递的一点温度。

梦想还是要有的，万一实现了呢？我们无法选择生在哪个时代，但至少可以选择自己的生活态度，哪怕是把一个人过得像一支队伍。毕竟，人总是要活在希望之中。

▶ **03**

　　身边很多人都有同感。小时候总是骗爸妈自己没钱了，现在打起电话来，哪怕自己穷得每天吃泡面包子、买不起一件衣服，也总是会说我还有钱，对家人开始报喜不报忧。

　　不知道自己什么时候就有了这种觉悟，也不知道从哪一天起就瞬间长大了，发现不能再对身边的人撒娇了，也已经不是餐桌上有只鸡就一定能吃到鸡腿的年纪了。

　　我们都是在夜里崩溃大哭过的人，我们都是心里头有部分死掉了的人，我们每天都在变得更无所谓。然而在我们堆砌出来的不羁里，总还是有什么藏在别人不知道的深处，没有人会再问，也就不会再对人提起。即使已经很努力地把人生过成喜剧，也总有唏嘘在心头。

　　前两天，微博上曝出来一个年轻人在地铁上边吃着面包边默默流泪的视频。你永远不知道这个人为什么哭，可能是失恋了，可能是被上司骂了，也可能是失业了，无从而知。

　　但每个人总会经历这样辛酸的日子，无法开口跟别人诉说，能做的就是默默地掉完眼泪，然后吃饱喝足继续上路。

所以，再痛苦也别饿着自己。心已经足够痛了，就别让身体里其他器官也跟着受折磨了。除了你自己，没有人会心疼你。

在痛苦的时候我们都变成了一个溺水者，但不是每个人都能幸运地碰上一个摆渡人。在没有任何人能够拉你一把的时候，只有你自己能把自己从痛苦中送上岸。

哭累了就去吃东西，心痛了就去找朋友陪你，想不开就去看心理医生。把生命中所有的阴霾都交给时间，接下来要做的事，就是养好受伤的心，照顾好挑剔的胃，为疲惫生活找一个温柔梦想，然后彻彻底底跟过去的悲伤告别。

你要接受这世界上总有突如其来的失去，洒了的牛奶，遗失的钱包，走散的爱人，断掉的友情……当你做什么都于事无补的时候，唯一能做的，就是努力让自己过得好一点，丢都丢了，就别再哭了。

即使哭，你也要好好吃饭，生活要继续，辛酸也总会过去。

我们无法预知生活会发生什么，但值得庆幸的是，成熟的人才不会在哭的时候忘了吃饭，不会任由坏情绪蔓延几天几夜不吃饭搞坏自己身体。天大的事也不会影响自己生活的节奏。

你要知道，哭着吃过饭的你，是要做大事的人。

　　别总抱怨工作、生活、感情不顺利，大家都一样，晚上舔伤，白天微笑，往前走就是了，哪怕前面风雨倾盆，希望你是那个在泥泞里玩得最开心的人。

　　不管经历过多少不平，有过多少伤痛，都舒展着眉头过日子，内心丰盛安宁，灵魂澄澈豁达。偶尔矫情却不矫揉造作，毒舌却不尖酸刻薄，不怨天尤人，不苦大仇深。对每个人真诚，对每件事热诚，相信这世上的一切都会慢慢好起来。

　　人体的细胞会新陈代谢，每三个月会替换一次，随着旧细胞的死去，新细胞华丽诞生。由于不同细胞代谢的时间和间隔的不同，将一身细胞全部换掉，需要七年。也就是说，在生理上，我们每七年就是另外一个人。

　　觉得孤独无助时，想一想还有十几亿的细胞只为了你一个人而活，请你一定要好好照顾自己。

我们总要经历一段厚着脸皮讨生活的时光

生活中人人都会遇到挫折，有人遇到大山也会从容翻过，有人遇到土坡就摔得不敢前行。愿你是那种哭过、恨过后，更强大的人。

▶ 01

去年公司招了三个实习生，慧就是其中之一。但是另外两个人都比慧优秀很多，面试的时候她也是挂在尾巴上吊进来的。

进公司以后很多事情都是以前没有经历过的，而大部分人都是老将，新来的两位也有较强的适应能力，慧的表现便显得尤为渺小黯淡。

慧常常有烦躁的坏习惯，一烦躁起来事情也做不好。经常被脾气暴躁的上司指责，有一次因为一个细节的错误，把慧从头到脚骂得一无是处。慧本来就不是一个八面玲珑的人，平时也很少说话，总被上司骂来骂去，头都有点抬不起来了。

时间久了大家纷纷猜测，她早晚会因为受不了上司这样子，没结束实习期就提前撂挑子走人。

但是事情的发展让所有人大跌眼镜，慧并没有因为上司的责备而消沉到一蹶不振，经过一段时间的煎熬过后，她的业绩慢慢上去了，人也变得意气风发起来，上司对她终于从批评指责转变成了赞扬欣赏。

反而是另一个实习生因为忍受不了上司脾气暴躁而走掉了，最后慧和另一个实习生顺利转正。

大家纷纷向她讨教秘诀，同时也表达了自己的困惑，因为上司曾经骂走过好几个实习生。

慧说，刚开始的时候，她总是被骂，也怀疑过自己的能力，怀疑过自己的选择，甚至会怀疑自己在公司的意义。她开始质疑自己，也开始自暴自弃。

"我觉得只能这样了吧，但是后来又想，最坏也不过就是这样了，我被上司讨厌，被客户拒绝，这不就是工作时最不顺心的事情了吗?

如果我连这些都熬过去了，那还有什么好怕的呢？"

当然，慧并没有停留在只是想通这个层面，而是在想通了以后及时地付诸行动，做出来的策划总是不能让上司满意，她就多做几份，实在不满意就改，拼命改；客户的资料记不下来，就挤出时间拼命记。

"没有什么是过不去的坎。"就是这样的信念，一直支撑着慧走到了现在。

努力，是对抗拒绝的唯一方式。越努力的人，越容易渐入佳境。被拒绝其实是一种人生常态，它似乎是埋在前进路上的一颗炸药，随时可能被引爆。

有的人会被炸得遍体鳞伤，一蹶不振；有的人则会在血肉模糊中爬起来，继续振作力量向前跑。

受伤是常态，但也要相信，受伤的时候，有一千个理由可以让自己待在原地被挫折吞噬，但是起来奔跑的理由只有一个：我需要更努力，才能生存下去。

▶ 02

朋友 Coco 是金融公司新人，前段时间，她的事业陷入瓶颈期，突破有难度，圈子中能提供帮助的人寥寥无几。

有一天，她兴奋地和我说，公司总部要举办培训班，培训内容是一直困扰她的那些问题，只要能参加这个培训，一切困难都可以迎刃而解。

我听了也很高兴，Coco 是一个事业心很重的姑娘，人生最大的幸福，莫过于能过关斩将，不断超越自己。

可几天后，她就灰心丧气地来找我，说，这次培训，公司所有年轻人都参加了，唯独没有她的名字，特别生气。

全公司没有任何人像她这么在乎这次培训，为了能报上名，收到报名通知后，她第一个跟公司提出申请，还好心将报名信息分享到公司的内联网。

结果报名截止，培训名单公布，几乎所有的年轻人都有资格参加，唯独没有她的名字。

她顾不上生气，第一时间奔向公司，找负责报名的同事讨要说法，同事告诉她，因负责报名的同事换人了，报名以昨天为准，之前报的名一律作废。

真是倒霉，她昨天被安排外出，没有收到通知，也没有同事将最新报名标准告知她，她就这么被忽略、被无视、被排除在外了。

负责报名的同事态度坚决，似乎没有回旋余地。

她冷静了一会儿之后，以最快的速度给直接领导写了增加额外培训名单的申请，显然，直接领导做不了主，她在征得同意后，向更上一级领导请示，逐级请示后，总部领导总算点了头，她才终于为自己争得了参训资格。

我问她："被这么多人拒绝，你都没感觉吗？"

她说："被拒绝，谁的心里会好受，但如果被拒绝打败，人生就不会再有惊喜。每个人都有一颗玻璃心，小时候会因为别人发礼物不给我而难过，换到现在谁在乎啊？"

能够治愈玻璃心的是成长，是见识，是学识，是磨难，是修养，是一次次的已失去和未得到。

只要回想一下自己的经历就不难发现，那些人生积极的重大转变，基本都是从一个挫折或者困难开始的。在最彷徨、最无助、最迷失的时候，也往往是最有动力做出人生最重要的改变的时候。

最高级别的抗挫力，是把自己遇到的最大的挫折和困难，变成人生中最大的机会和成长。

▶ O3

心理学家曾经做过一个实验：实验者被带到一个房间，房间内安排两个陌生人。当三人共处一室时，其中一个陌生人发现房间桌面上放置有一个皮球，并提议，一起玩传球游戏。

三人围坐，1号陌生人将球传给2号陌生人，2号陌生人接球后微微一笑，又将球传给1号陌生人，如此反复，实验者被排斥在游戏外。

几十例相同的实验后，心理学家发现，被排除出扔球游戏之后，人们会体验到显著的情感痛苦。

如果连陌生人委婉的拒绝都能造成如此尖锐的情绪痛苦，可以想象，日常生活中所遭遇的那些被男神拒绝，被公司领导拒绝，被同事朋友拒绝，被亲密爱人或家人拒绝的人，内心会有多痛苦。

无论愿意与否，每个人在人生的不同阶段，都会遭遇各类人的各种花式拒绝：比如，向心仪已久的对象表白，被委婉拒绝；比如，向梦寐以求的大公司提交简历，被告知不符合要求；比如，想参加朋友的生日聚会，望穿秋水才发现，自己根本没被视为好友，属于圈外游离的路人甲而已；比如，打电话给物色许久才找到的潜在大客户，却被告知，哪天都没空。

被拒绝成了人生必须要面对的课题。在不断接收否定的信息中，有的人开始认命，认为自己资质平庸，不配拥有美好的人或物；有的人听从安排，就此，过着别人安排的生活；有的人捶胸顿足，气愤难当，恨不能毁了整个世界。

但是还是有这么一群人，他们在不断被拒绝着，也不断反抗着，他们不甘心被牵着鼻子走，不情愿走别人设定好的路线，过没有惊喜的生活。于是，一路被拒，一路怀着期望，顽强抵抗。

马云曾说："我们需要学会习惯被拒绝，即使是现在。我在找工作的时候被拒绝了三十多次。去肯德基应聘，二十四个人，我是唯一一个被拒绝的。我去考警察，五个人招四个，我又是唯一一个被拒绝的。后来我申请哈佛，被拒绝了十次。"

即使在创立了阿里巴巴之后，他也遭遇过许多人的拒绝。但他正是在被一次次否定、一次次推倒、一次次拒绝后，选择继续坚强，才有了今天让世人惊艳的成就。

人生是由失败及成功交互堆叠而成的，差别只在两者的次数多寡而已。人生是由一次次的经验累积而成的。

请你把失败当作一种不凡的经验，用坦诚的心态去面对，用宽容的心态去对待，用诚恳的心态去交流，用学习的心态去沟通，宽容对待他人，每天保持一份乐观的心态，让自己的人生更加乐观。

也许有一天，你发觉日子特别艰难，那可能是这次的收获将特别巨大。每一次的跌倒后重新站起来，都会让人变得越发坚强。

年轻的资本不是小鲜肉，
而是输得起

人最遗憾的事往往不是曾经的失败，而是曾经的退缩与放弃。你那么年轻，别动不动就定义人生，人要有输得起的勇气，方能配得上将来所期望的美好。

▶ 01

晴姐是我的好朋友，东北姑娘，前一段时间突然决定要去考研，而且想报考北京的学校。

对于去北京读研，晴姐是有心结的。当年考大学的时候，晴姐就想报考北京的大学，但是她的父母想让她留在东北，于是她就报了当地的大学，后来又想去北京读研究生，当时全家人一致反对，两个理由，一是一个女孩离乡背井，家里人不放心，二是年龄不小了，先恋爱结婚再考虑深造。于是晴姐又打消了去北京的念头。

毕业找工作，晴姐看了北京的公司，但是考虑到男朋友在东北，父母年龄也大了，就顺理成章地留在当地工作。

现在她又燃起了考研的念头，一边查看报名流程，一边准备复习资料，但内心是纠结的，不知道怎么跟家里人说明白，也忐忑会不会听到一边倒的反对声。

她说："回学校读书的风险和成本我都考虑清楚了，剩下的问题是，父母会不会同意，男朋友会不会同意？"

这样纠结了一段时间之后，晴姐忐忑地跟家人和男朋友商量，想去北京读研究生。

"他们竟然都没有反对！"晴姐说，"我甚至有点怀疑是不是他们根本就不在乎我。爸妈问都没多问，只说我不后悔就行。男朋友问清楚了状况，还说如果我决定在北京发展的话，他可以考虑把自己的业务转移到北京。"

我隔着电话听筒，能感受到晴姐的欢乐。

晴姐接着说："其实我最不敢相信的是我妈的反应，她居然没被我的话吓到，当晚我们聊了很多，说起了小时候的事，仿佛一下回到了十几年前。聊到很晚，妈妈拉着我的手说，'无论你做什么决定，妈妈支持你'。妈妈支持，这简单的四个字，于当时的我来说，是一股说不清楚的力量。"

挂掉电话，晴姐给我发来一条微信：原来一直阻碍我去北京的，不是别人。如果当时勇敢一点，考大学的时候我就报考北京，现在会是什么情况？

我不知道如果当年晴姐去北京读大学，现在会是什么情况，只知道如果当年晴姐报考了北京的大学，她的父母经过一番考虑也会支持，就算有点担心，也不会以爱的名义阻碍她追求想要的生活。

很多事情都是如此。如果你想做，身边的人都会成为助攻。

有时候，你陷在自己给自己设定的困境里，以为周围人会不理解，纠结不已。回过头来看，阻碍你的，从来都不是别人，而是自己的懦弱。

你总是如此害怕成就更好的自己和更好的未来，一个难题、一件事情你明明就会，但你越来越懒得发声，告诉大家你心里坚定的正确答案，又或者不敢说出你的见解，展露你的才华。

你明明可以飞得更高更远，但你自己给自己设了限，拘泥一个狭小的范围，不敢尝试。

▶ 02

很多人都是这样，喜欢假想出一道道坎儿，假想这些坎儿横在自己想要走的路上，于是自以为是地改变了方向。

工作中，你明明有很多实力可以提升，领导给你机会让你尝试，你不干，你退缩，没有勇气，你觉得自己能力有限。

生活中，你明明可以利用业余时间发展自己的兴趣爱好，你不干，你总说不可能，没时间，没精力，你觉得自己没这个天赋。

爱情中，你明明有足够多的信心和勇气去追心爱的女孩，你不干，你总说没准备好，也没这个好运和机遇。

这个世界不存在准备好这件事。"等我都准备好了再说"，这是句中看不中用的话："等我都准备好了再上班""等我都准备好了再开店""等我都准备好了再结婚"……很多事不开始做，根本不知道该准备些什么。

"都准备好"是永远不存在的状态，再怎么等，也没办法"都准备好"。接受这个真相，应该会比较有勇气面对生活。

什么是勇敢？勇敢是，当你还未开始就已知道自己会输，可你依然要去做，而且无论如何都要把它坚持到底。你很少能赢，但有时也会。

我想起冰冰求学和刚毕业找工作时的那段经历，只能用一个"勇"字来形容。

那时为了练好口语，她不得不鼓起勇气去参加各种英语沙龙，还千方百计和老外们搭讪，用英语聊天。慢慢地，她蹩脚的英语口语竟然变流利起来，到了毕业季，她已经可以和老外无障碍沟通了。

她找工作的经历更传奇，因为缺乏工作经验，也没有那种可以给自己介绍工作的亲戚，只能自己投简历找工作。

后来，全部石沉大海，她不甘心，于是就一家一家地敲门，问他们要不要请人。

当她敲到第十家的时候，刚好碰到他们的老板在，于是叫她进去面谈。十五分钟后，她就得到了自己人生中的第一份英语翻译的工作，薪水还不错。

现在回想起来，她说，还是觉得庆幸，自己可以在年轻的时候，那么地有胆识和勇气。这份工作的意义是非凡的，它让自己的英语学有所用，让自己接触到了许多能帮助她的人，也为她的职业生涯打开了一条康庄大道。

一直很喜欢香港歌星杨千嬅一首叫作《勇》的歌，正如它的歌词所唱：我也不是大无畏，我也不是不怕死，但在浪漫热吻之前，如何险要悬崖绝岭，为你亦当是平地。

人的一生，所惧何其多。正因为如此，勇气之重要，很多时候往往成了一件事情是否成功的关键。

有时候，你之所以比其他人拔尖了那么一点点，并不是因为你有多聪明，而是因为你比别人多了一点点的勇气吧。

谁天生就有一身豹子胆呢？很多人，在那些自卑而内敛的时光里早已经修炼了一身的本领，可就是因为缺乏勇气和自信，让自己的才华成了深巷子里的好酒，错过了很多的机会，浪费了许多的时光。

如果能勇敢一点，可能一切都会不同。

王健林曾说过这样的一句话："什么清华北大，都不如胆子大。"

深以为然，胆子大的人，成功的概率特别大。当别人还在畏首畏尾怕这怕那时，胆子大的人已经勇敢地迈出了步伐，吃起了螃蟹。

都说读万卷书不如行万里路，想得再多也不如动手开始做，有时候，看似很难的事，一旦鼓起了勇气，开始动手做，一切困难便会迎刃而解。

不够聪明无所谓，只要有勇气去尝试；失败也没有关系，只要有勇气不断尝试。年轻的时候，很多人都缺少智慧，那也没关系，只要有勇气去尝试，就还有成功的可能。

▶ 03

当一个人知道想要什么的时候，别人的意见不会成为阻碍。能不能做好一件事，就看你愿不愿意把自己放在一条非走不可的路上。如果自己能把握好航向，别人给的"耳旁风"都会是顺风。

爱你的人不会阻碍你的幸福和快乐，能阻碍你的，从来不是别人。如果有一件事情特别想做，但还是退缩了，不是因为别人，只是来自内心的胆怯或者不情愿。

安东尼·罗宾曾说：在我们每个人的生命中，都会面临许多害怕做不到的时刻，因而画地自限，使无限的潜能只化为有限的成就。

许多人的一事无成，就是因为他们低估了自己的能力，妄自菲薄，以至于缩小了自己的成就。尤其是年轻人，更要相信自己的潜

力无限，要相信你值得拥有更好的，你也终将会通过自己的努力得
到你想要的未来。

当你对某件事情抱着百分之一万的相信，它最后就会变成事实。
这种心理超越了自信，是一种确信的心态，被称之为坚信定律。这
是一种坚强的信念，在我们面对失败与挫折的时候，信念就犹如心
理的平衡器，它能帮助我们保持内心的平静，并能防止我们因坎坷
与挫折而偏离了正确的轨道，进入误区、盲区。

一个人不怕不成功，就怕不相信自己能成功，只要坚信，一切
皆有可能。

职场上，你若坚信自己一定大有作为，那么你就会试着去朝这
个方向努力。

生活中，你若相信自己有才华，你就真的已经被老天赋予了那
百分之一的天赋。因为天才就是百分之一的天赋和百分之九十九的
努力。

爱情中，你若笃定自己一定是个值得信赖的、值得被托付的、
有担当的人，你就一定会积蓄更多的能量，成为好的爱人。

就这样，凡事只要考虑清楚是不是你真正想做的。如果是，全

世界都会让路。没有谁会乐此不疲地阻碍一个人去争取让自己更幸福的生活，家人和恋人更不会。

如果你愿意留在二三线城市的家乡，父母不会把去大城市追逐未来的愿望强加到你头上；如果你确定和一个人在一起会幸福，周围的人即使不理解，在清楚你的感受之后也会给予真心的祝福；如果你想要把自己的兴趣爱好和事业发展结合到一起，爱你的人会给你足够的支持和鼓励。

也许你没有多聪明，但是唯有一点勇就够了。你若坚定，全世界都会为你保驾护航。

谁不是一手扯着道理，
一手擦着鼻涕渡过难关

我们听过很多道理，却依旧过不好这一生；我们做过很多噩梦，但醒来依旧要继续生活。这或许就是生活的套路，给你三天的柠檬，一天的糖。但你要做的是，将生活带给你柠檬般的酸楚酿成犹如柠檬汽水般的甘甜。

▶ 01

有一天，和同学小白聊天，她说最近偶遇了张莉。原来小白的公司要招聘文案，她在活动中巧遇了张莉。

张莉、小白和我是初中同班同学，张莉的学习成绩一直很好，尤其是英语，她经常说，自己要成为一名翻译，翻译各类文学作品。

高考时，听说张莉因几分之差与理想中的大学无缘。接下来的两年，她就读于市里最著名的复读班，一考再考，终于在第三次冲击时，过了一本线十多分。

令人遗憾的是，填报志愿时，张莉出了些差错。

等领到录取通知书，她大吃一惊，却已无力挽回——她被省内一所二本院校录取，也没能如愿进入外语专业，而是阴差阳错进了中文专业，她很不甘心，满腹抱怨，却又无可奈何地去学校报到了。

小白说，这次面试，张莉发挥得很不好。中文专业毕业，没有在任何报刊上发表一篇文章。十五分钟的试讲，张莉紧张得口误了几次，"其实我特别喜欢写作……"她反复强调，后来，实在说不下去了，就尴尬地沉默着。

不用等最后结果，看主考官的表情，张莉就知道这次应聘没戏。没有等到最后公布面试结果，张莉就走了。

因为好多年不联系，我也是辗转从别人那里得知她的消息。张莉刚进大学，因是第一名进校而备受关注。她也知道自己的实力，努力考研完全没问题。

大道理都懂，小情绪却难以自控。内心里无比排斥这个专业，学习近乎放弃。几年下来连书都没看几本，稿子也没用心写过一篇。总之，关于学业，自那年夏天被强行打了折后，张莉就自动按了停止键。

张莉的事挺让人遗憾的，很多失败的人不是没有能力，而是仗着自己的能力什么都不做，还想逆袭。

无论是在电视上或者在书里，你都能看到很多关于困境中逆袭的例子。比如家境贫困的学生，通过努力终于考上了大学；比如办公室小白屡遭同事孤立，领导欺压，于是下决心学习充电、苦练内功，终于在某一天以不可复制的成功姿态令曾经对他不屑一顾的领导一败涂地，并成功逆袭成新一代青年完美标杆；再比如胖女孩为了能和心目中的男神走在一起，经过努力成功瘦身，自信心爆棚向男神表白，并成功牵手。

这些故事，听起来励志又激烈，令失意者瞬间能够自动完成角色代入，不知不觉得生长出了主角光环，仿佛随着明天一起到来的是奔涌不息的激情和磅礴旺盛的希望。

然而过段时间之后，你会发现，这些人并没有一丝一毫的改变，之前的那些豪言壮语，不过是一次半梦半醒的精神高潮。

听过多少血泪教训，喝过无数情感鸡汤，却仍然搞不定一段情，过不好这一生。只因，没有哪个过来人的经验完全适用。橘生淮南则为橘，生于淮北则为枳。别人只是别人，从不是你。

所以才有知道那么多大道理，却依然过不好一生的说法。反过来想，当你没有经历过一些事情，你无法将道理在思想中融会贯通，形成一套自己的思维习惯和行为习惯，从而陷在自相矛盾的道理中无法前行。

道理万能的话，要眼泪干吗？听一万句大道理，不如自己摔一跤。眼泪教你做人，后悔帮你成长，经历才是最好的老师。

▶ 02

是不是得有一次说走就走的旅行，才能彰显你的不羁和洒脱？是不是得去勇攀珠峰才能真正领悟到生命的真谛？

是不是得去乌镇、婺源、周庄……才能表现出自己清新脱俗的本质，小资生活的情调？是不是一定要看世界名著，才能证明自己是一个文化之人？是不是一定要看豆瓣电影 TOP250，才能证明自己也是一个影剧达人？

我们都习惯了拿别人的药，来治自己身上的病；习惯遇到问题，能有一剂良药可以药到病除，永绝后患。如果世界可以如此简单粗暴，我们也不用活得那么跌跌撞撞。

这个世界上有一条好玩又经典的定律，叫作二八定律，那些被80%的人所认同的观点和所选择道路，可能并不能助你成为那20%金字塔顶的人。也就是说，你读遍了世间那20%的成功人士逆袭的所有故事，但你却仍有80%的概率在过着80%的灰头土脸的糟心生活。

你所羡慕的一切逆袭，其实都是有备而来。故事永远只是故事，主角光环大多是想象出来的。成功不可复制，也无须复制。最要紧的，是你必须找到适合自己的路。

成功人士的人生是多面的，不见得人人都认同，可他们依然能过上自己想要的生活，因为他们，是活出了自己道理的人。

我大学读的是中文专业，有的课程结束的时候，是没有考试的，取而代之的是，要上交一篇小论文。

考虑到学生们辛辛苦苦一学期也不容易，老师们都是仁慈的，不会太难为人。所以，很多人对待这篇小论文的态度就是马马虎虎、差不多就交差了。这几乎就是约定俗成的潜规则。

然而，我的一位同学，他对待这篇小论文的态度和大部分人都截然不同，他总是非常用心地去完成每门课程最后的那篇小论文。

"既然都花时间去写这篇小论文了，为什么不多花点时间，把这篇小论文写得用心一点、专业一点呢，多有成就感啊！"这是那位同学曾经对我说的话。

我也开始改变自己随便写的态度，认认真真地查资料，找观点，从东拼西凑变成耐心地自己组织语言，从言不及义到言之有物。

果然，人生没有白走的路，每一步都算数。一次选修课结束，我交的论文获得了老师的赞扬。直接导致我充满信心地报考了研究生，最终也考上了。

以前，总觉得很多努力其实得不到回报，比如通宵背了书，结果第二天考试一点都没用到，于是便开始怀疑"付出就有回报"这个听起来就无比鸡汤的理论。

后来明白，那些所谓没得到回报的付出，只是没有即时得到回报罢了。曾经熬夜背的书，其价值不止在于第二天的考试。真正记住的东西，都会好好地藏在自己的生命中，在将来某一日，在猝不及防间，让你欣喜于曾为它努力过。

　　这世上从没有白费的努力，也没有碰巧的成功。很多看似撞大运的成功经历，往往源于曾经看不到光明的努力付出；而很多现在看似倒霉的失意，也可能是因为多年前没能认真努力地对待一件事。

　　所以，不必太过迷信逆袭的道理，也不要认为自己真的有那种翻天覆地的能力，当遭遇爱情坎坷、职场不顺、生活触礁时，要相信自己能给予自己最大的保护就是保持自我不变形，尽量克制自己的情绪，即便在命运最低谷时，也不要选择破罐子破摔，最后失去了自我。

　　人们都说生命最大的美德不过是得意时不忘形，失意时不变形，而这二者，又以得意不忘形最为难能可贵。对大多数人们而言，失意不变形才最为不易，生活向来充满寥落无奈的失意，却从来鲜少意气风发的得意。

　　放眼望去，身边的人貌似都有苦衷。有的人疾病缠身无钱可医，有的人家庭残缺无枝可依，有的人多年职场收获无几，有的人情场坎坷。

但你曾细心观察过大家都是如何面对生活的吗？正在经历烦恼苦痛的人们每天都在愁眉苦脸吗？答案是否定的。

你会看到，虽然艰难，但大多数人都是在尽力地做好自己，即便他们并没有通天之力去改变困境，但他们依旧善良，依旧愿意去体谅，因为他们都能在失意时保持不变形。

如果想成为那20%的人，必须得有点另辟蹊径的精神，勇于走出自己的路线、活出自己的道理；你当然也可以只想成为那80%的普通人，可若不想一直被生活牵着鼻子走，也得在人生的几个关键时刻，有点魄力和果敢，有坚持理想、坚定选择的信念和能力，更重要的是失意时不变形的能力。

谁想懂道理，道理都是来自于风吹雨打和久病成医。人生最大的勇敢，不是在哪里跌倒就在哪里爬起来，而是在哪里跌倒，就在哪里提升一个 level。

在人生艰难的时刻能够保持清醒，保持自我而不怨天尤人很困难，而在顺遂的时候不心生轻浮得意却很容易。可如果你每天睁开眼便是各种心窄纠结，各种艰难苦恨，却还能够与人为善，微笑着进入生活的一餐一饭、一花一木里，那是有着多么朴实的心性和强大的克制力才能够做到的境界呢。

　　即使是普通人，也可以成就自己不普通的故事。而与那些不知真假的人生逆袭和华丽转身相比，你的守拙和保持自我，才是最不凡最高级的励志。

　　总有一天，这个世界会因为你的不变形而收获几分珍贵，而总有一天，你也会骄傲地说：虽然并没有太多机会去尝试得意时自己到底会不会忘形，但至少，失意时，你没有变形。

　　人的一生，总是失意的时候多，得意的时候少，无论失意还是得意，都要淡定。失意的时候要坦然，得意的时候要淡然。如果说挫折是生命的财富，那么创伤就是前进的动力。谁的人生也不会一帆风顺，以淡然的心面对，成功也只是个时间问题。

　　世界上破罐破摔的人那么多，而你我偏偏没有，这是一件多么值得骄傲的事情。

　　要么敢爱敢恨快意人生，要么没心没肺扮傻到底，别让自己活成了那种懂得很多道理却过不好这一生的人。

我们这届人类，
拼的都是自愈力

你质疑过梦想本身，质疑过自己的能力，质疑过这世界的不公平，可沮丧到最后，你还是觉得不甘心。人生总有绝望灰暗的时刻，因为无法避免，只能尝试自救。

▶ 01

晚上，看到 Ceci 发了条朋友圈：一张自拍照加上一句话"报喜的标准姿势"。

我马上拨了电话过去，"你考上公务员了？"当得到她肯定的回答时，电话这头的我，就像自己考上一样欣喜，开心得差点跳起来。

Ceci 是我的大学同学，是一个遇到任何事都处变不惊、淡定从容的人，而且特别勤奋。那年，刚刚升入大四，Ceci 和我说，她未来的目标是考公务员，想要一份稳定的工作以及安稳的生活。

确定了目标，Ceci 就义无反顾地为了目标去努力。她从不睡懒觉，生活及其规律，日日宿舍图书馆食堂三点一线，雷打不动。

毕业之前，Ceci 参加了她人生的第一次公务员考试，笔试结果很好，在她报考的那个岗位排名第一。到了面试环节，却惨遭淘汰。

作为朋友，这样的结果，着实为 Ceci 感到可惜，毕竟她的付出和努力，我再清楚不过了。再好的回馈她都配得，可结果往往不尽如人意。

我不知道怎么安慰她，而 Ceci 却说："没关系，一次失败算不了什么，笔试第一，起码证明了我的能力。"

毕业后，Ceci 进了一家小型的外贸公司，工作之余，她仍在坚持公考，从未放弃。一年一次的国考和省考，她从未缺席，笔试基本都是前三名，而一到面试关卡，就屡屡失败，碰一鼻子灰。

面对这样毫无结果的坚持，身边有各种不同的声音，无论坚持还是反对，Ceci 都从来不为之动摇。

有一阵子，连我这个所谓的好朋友，都有些不能理解 Ceci 了。开始觉得她太过于一根筋，不懂得变通。

而 Ceci 像是绝缘体一般从来不被周遭不同的意见影响，只是淡淡地回应："既然确定了目标，我是不会放弃的，大不了多考几年。"

Ceci 一坚持就是五年。这五年，她不断地经历失败，她哭过，沮丧过，却从未想过放弃。五年，很多当年一起毕业的同学相继结婚生子，或者升职加薪，大部分都熬出了头。而 Ceci 却仍然一年参加两次公考。她笃定，且坚信，一定要圆了做公务员的梦。

如今，Ceci 五年的坚持，终于换来了她所希冀的结果，考上了公务员。

现实生活就是这样的，你欢天喜地向前跑，它冷冷绊你一脚，你铆足了劲硬顶上，它突然给你一个过肩摔。我们所在的这个世界里，没有人不会迷茫受伤。

或许是初入职场时对未来充满迷惘，你不知道当下的路应该怎么走；或许是恋人一声不吭地离开了你，你在背后哭得撕心裂肺希望他不要离开，可他却头也不回地往前走，剩下一个哭成泪人的你；又或许生活中点点滴滴不如意的小事，让你对生活失去信心。

你不断地问自己，为什么我这么倒霉？为什么我的爱情不能从一而终？为什么一帆风顺的那个人总是别人。可是，无论遇到怎样的经历，那都是生命中必须要走的路。只有迷茫过，才有动力找到自己想要的东西；只有碰壁过，才能把你的盔甲打磨得更硬更强。

每一个强大的人都咬着牙度过一段没人帮忙没有支持，没人嘘寒问暖的日子。过去了这就是你的成人礼，过不去求饶了，这就是你的无底洞。

▶ 02

我家附近有家小饭店经营了十多年了，老板和老板娘每天一大早起来置办当天所需的食材。但已是中年的老板娘特别好看，从她的姿态和面容里，你根本看不出经营生意的艰辛和疾苦。

每天早上老板娘会在准备好所有东西之后，用十五分钟化个淡妆，整个人看起来神采奕奕。

有时候我起床很早，六点就到她家吃早餐。老板娘不算精致但经过描摹的脸庞，让人一看就有好心情，有一种赏心悦目的美。

而且她总是微笑，说话声音不大但特别温柔，会让你在一早的起床气中瞬间缓过来，感觉美好的一天就从此刻开始。

有一次，一位老顾客无意间问起了老板娘的年龄，原来已经五十多岁了，但是她看起来分明就像四十出头。

满场皆惊，纷纷向她讨教保养秘诀。原来老板娘年轻的时候经历了一场大病，病愈后，她对每一天都倍感珍惜，觉得这是上天的恩赐。

她笑笑说："我的方法，只适合我自己。你们要先了解自己的身体、观察、分析、尝试、感受，才能找到最适合自己的方法。你才是你自己的过来人。"

人大概都有"修复症"，一件事情发生的时候总想着赶紧去完结，完成有瘾。所以当一个错误无法补救，一件事情拖延太久，一段感情没有结局时总是惴惴不安着急上火。

但停下来想想，哪有什么事情能彻底完结呢？除了死亡，我们就是得迎接一场又一场永远也无法补全的查漏补缺不是吗？

到了一定年纪，其实是无法完全相信时间治愈一切、抚平创伤这种鬼话的。或许因为自己度过的时间还不够，或许这话就是夸大其词。

仔细想想，这些年真正救你的，是靠努力迎来更加宽广的人生之后，拥有的更多选择。是自己逼自己去遗忘，自己去探寻新的关注点。你的生活平淡无奇又狭隘得可怜，所以才总困于伤疤。

每个人都需要理解和思考自己以及所处的世界，找到自己的位置和生命的价值。

生命如此厚重，没有谁的经验可以全盘指导另一人的人生。只有那些不停思考、探索和成长的人，才能成为自己的过来人——把每一次失去，都转化为另一种势能；每一场煎熬，都成为劫后余生。

亲自体验每一个或甜蜜或痛楚的过程，剖解、晾晒、分析、提炼，从此拥有逻辑思维和深度思考的能力。完成这场转变，你的伤痕，才最终成为铠甲，为爱受过的伤，才是你真正的勋章。

▶ **03**

前一段时间刚失恋的闺密开玩笑说，第一次失恋，她只会坐在马路边上痛哭流涕喂蚊子；这次，她立刻要去商场安慰自己一个香奈儿的包包。

你以为，这只是财力的提升？其实这是综合实力的晋级，是内心的承载和韧性，是再次面对伤害、失意、苦难的姿态和智慧。失了萝莉脸有什么要紧，顺便扔了玻璃心。

每个人都渴望享受美好的人生，现实却是一记响亮的耳光。没有人告诉你生活的真实模样，你在拼凑来的价值观里寻找人生。有时弄丢自己，有时弄丢爱情，有时弄丢生活。

那些绝望的人，从不会听到几声悦耳鸟鸣便又开始珍视生命；

那些堕落的人，从不会喝一口励志鸡汤就从此奋发图强。

是过往每一个阶段的自己，成就了今天的你。付出过的青春热血，挣扎过的绝望岁月，曾经每一个俯身哭泣的姿态，都是为了成全今时今日有力的手，将自己软弱的肩膀扳过来。走过的坎坷，是为了无限接近不远处的坦途。

人的一生，无一不愿被妥帖安放。而岁月艰难，世道凶险，感情航道暗礁遍布，谁都无法预见前方是幸运在翘首，还是苦难在等待。

正如芥川龙之介说：我们不可能完好无缺地走出人生的竞技场。

一个人对年龄的恐惧，其实并不在于年纪增长所带来的苍老；而是恐惧随着年龄的增长，自己仍然一无所得。

岁月只会流逝，不会凭空给谁惊喜。你不应白白受苦，更不该空空老去。如果你自己不成长，明年的你也只是老了一岁，没有任何改变。

伍迪·艾伦说：曾经我白发苍苍，如今我风华正茂。生活刻薄相欺曾令你白发苍苍，而如今的风华，正踏着过去浴火重生迤逦而来。

一个人的成长，并不是在十八岁的成人礼上，不是在宣读誓词的婚姻殿堂，也不是在初次成为父母的分水岭。

　　基本上人是不会在某个年龄突然长大的，即使吹灭了三十岁的生日蜡烛也会想着"这就三十岁了吗，我还只是个宝宝呢！"年龄永远不是衡量一个人的刻度，只有个人经历的叠加才会让人逐渐成长。在那之前，就让红领巾在胸前飘荡吧。

　　而那些回望来路的时刻，你会清楚地看到自己披荆斩棘、步步向前、日渐强大。那荆棘，成为你手中的尚方宝剑，从此斩妖降魔。

　　你要有勇气，让自己日日新生。你要有能力，每天睁开眼，就看到一个比昨天进了一步的自己。

　　这世上，谁都不是谁的药。自我完善，自我提升，自我疗愈，才是永恒王道。你就是自己的过来人。

　　有人说，你可以一辈子不登山，但你心中一定要有座山。它使你总往高处爬，它使你总有个奋斗的方向，它使你任何一刻抬起头，都能看到自己的希望。

　　人的年龄往往就像是验金石，等到了一定的年龄之后，一类人变得越发有趣，一类人变得越发无聊。前者开始创造生活，后者开始被生活创造。

　　不幸的是，大多数人偷懒，愿意把后半生的命运交给前半生的惯性。幸运的是，一小部分人开始有能力刹住惯性，去重新定位方向。

流过的泪，要成为一条渡你的河。受过的苦，要照亮你未来前行的路。此时，伤痛才能成为财富，衰老才能视作成长。

岁月真的未曾饶过你，而你亦不能辜负岁月。你所走的每一步，都是自己的万里路。

希望你被打磨，永远光明磊落；希望你能走过山山水水，坦荡地爱；希望你被阅读，不被辜负，你要飘摇着美丽，活得丰盛或庄重。

所有柳暗花明的路，未必都有美好的开始，不是半试探，就是半惶恐。恐惧、胆怯、犹豫、怀疑，都是生活本身，都是系统属性，请相信，这悲喜交加的修行，尽头某处定有礼物，就看你配不配得到。

太阳尚远，可必有太阳。

图书在版编目（ＣＩＰ）数据

这世界不会与你处处为敌 / 徐多多著 . —北京 : 现代
出版社 , 2017.12

ISBN 978-7-5143-6424-8

Ⅰ . ①这… Ⅱ . ①徐… Ⅲ . ①成功心理—通俗读物
Ⅳ . ① B848.4-49

中国版本图书馆 CIP 数据核字 (2017) 第210080号

这世界不会与你处处为敌

著　　者	徐多多	
责任编辑	赵海燕　毕椿岚	
出版发行	现代出版社	
通信地址	北京市安定门外安华里 504 号	
邮政编码	100011	
电　　话	010-64267325 64245264（传真）	
网　　址	www.1980xd.com	
电子邮箱	xiandai@vip.sina.com	
印　　刷	吉林省吉广国际广告股份有限公司	
开　　本	880×1230　1/32	
字　　数	141 千字	
印　　张	8.5	
版　　次	2017 年 12 月第 1 版　2017 年 12 月第 1 版印刷	
书　　号	ISBN 978-7-5143-6424-8	
定　　价	39.80 元	

版权所有，翻印必究；未经许可，不得转载